JN197924

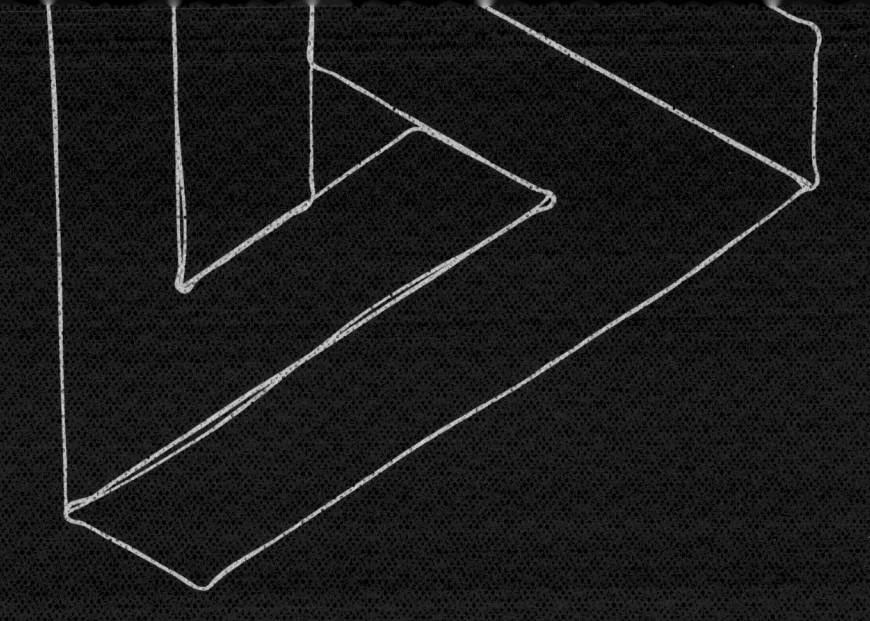

天才少年が解き明かす
奇妙な数学！

アグニージョ・バナジー
デイヴィッド・ダーリング 著

武井摩利 訳

創元社

数学は人の精神が生み出した
最も美しく最も力強い創造物である。

ステファン・バナッハ（バナフ）

何であれ、深奥に潜ると
そこには数学がある。

ディーン・シュリクター

目次

天才少年が解き明かす奇妙な数学！

Japanese translation rights arranged with Oneworld Publications through Japan UNI Agency, Inc., Tokyo

本書の翻訳原稿は、サイエンスライターの緑慎也氏に精読していただきました。
また、森一氏からも貴重なご意見をいただきました。

はじめに

数学はとても奇妙なものです。数は無限に続き、無限にはさまざまな種類があります (第10章)。素数はある種のセミが生き延びるのを助けています (第7章)。数学的な球は、切り刻んでから組み立て直すと、まったく隙間なしに、2倍の大きさの球にも、百万倍大きな球にも、最初と同じ球にも、することができます (第9章)。2次元や3次元の図形ならよく目にしますが、見慣れない分数の次元を持つ図形もあれば、太さがないにもかかわらず、平面の一部をすき間なく埋めつくしてしまう曲線もあります (第4章)。物理学者のスタニスワフ・ウラムは退屈な発表を聞きながら落書きしていた際、1から順に数字を螺旋状に書いて素数に印をつけたところ、多くの素数が斜めの線上に長く並ぶことを発見しました (第7章)。これは事実として認められていますが、その理由はまだ完全には解明されていません。

　私たちは学校で習ったり日常で使ったりする普通の数や計算の扱いに慣れ過ぎて、数学がどれほど奇妙かを時々忘れてしまいます。私たちの脳が数学的思考にたけており、その気になれば非常に複雑で抽象的な数学を扱えるという事実は、驚くべきことです。なにしろ、何万年や何十万年も前の私たちの祖先は、次の世代に遺伝子を伝えるまで生き延びるために、難しい方程式を解いたり抽象的な代数に手を出したりする必要はなかったのですから。次の食べ物や隠れ場所を探す時に、3次元より高次の幾何学や素数理論に思いを馳せたところで、何の役にも立ちません。にもかかわらず私たちは、そういったことができる潜在能力を ——そして毎年どんどん数学世界の驚くべき真実を発見することのできる能力を——秘めた脳を持って生まれています。私たちにその能力を与えたのは、進化です。でも、どうやって？　そして、なぜ？　なぜ私たち人類は、どこからどう見ても知的ゲームにしか見えないことがこんなに得意なのでしょう？

数学は、現実そのものの中に織り込まれています。深く探求を進めていくと、具体性のある物質やエネルギーのかけらだと思えていたもの——たとえば電子や光子——が実体のない波に過ぎないことがわかります。確率的にしか存在する場所を決められない幽霊のような波です。そんな幽霊が立ち去った後、私たちの手元に残るのが、複雑だけれども美しいひとそろいの方程式です。ある意味で、数学は私たちのまわりの物理的世界を支えて、目に見えない基礎構造を作っているのです。しかしそれだけではなく、数学はそこを超えて抽象的な可能性の領域——永遠に純粋な知的演習で終わるかもしれないもの——にも入っていきます。

　私たちは本書で、数学の中でもとりわけ奇妙で魅力的な分野に光が当たるように題材を選びました。近い将来にわくわくするような新しい発展が見られそうな分野も含まれています。科学やテクノロジー、たとえば素粒子物理学、宇宙論、量子コンピューターなどと関係している内容もあります。かと思えば、少なくとも現時点では数学のための数学としか言えないものや、想像力の中にしか存在しない、見知らぬ場所への冒険もあります。難しいからという理由だけで除外することはせずに、テーマを選びました。数学のさまざまな側面について一般の人に説明する時の課題のひとつは、それらの面の多くが日常の経験からはかけ離れていることです。しかし、それでもどうにかすれば、現代数学の最前線にいる探求者やパイオニアがやっていることと"普通の人になじみのある世界"とのつながりを見つけ出すことができます（その際の説明の言葉が、研究者が使う理想的な表現ほど正確ではないにしても）。おそらく、次のように言っても間違いではないでしょう——もしも何かとても把握しにくい内容があったとして、普通の知性の持ち主に対してそれをある程度満足のいく形で説明できないのなら、説明する側がもっと理解を深める必要がある、と。

　本書は、普通とは違うやり方で作られました。著者のうちひとり（デイヴィッド）はサイエンスライター歴が35年以上あり、天文学、宇宙論、物理学、哲学についての本を何冊も書き、"楽しみのための数学"の百科事典まで執筆しています。もうひとり（アグニージョ）は数学の天才少年で、メンサ〔人口上位2%のIQ（知能指数）を持つ人々が参加する国際グループ〕によればIQは最低でも162で

す。この本の執筆時には、2017年の国際数学オリンピックに向けた準備を終えたばかりでした〔本書出版後に開催された2018年の数学オリンピックでは満点を取りました〕。アグニージョは12歳の時にデイヴィッドに数学の指導を受けはじめ、その3年後にふたりは一緒に本を書くことに決めました。

　私たちは一緒に、どんなトピックを取り上げるかアイデアを出しあい、話し合いを重ねました。たとえばデイヴィッドは高次元や、数学の哲学や、音楽の中の数学を提案し、アグニージョは大きな数（彼のお気に入り）や計算（コンピューテーション）や素数の神秘について書きたいと望みました。最初から私たちは、普通ではないトピックやまったくもって奇妙なことを取り上げようという方針を選び、そして、その奇妙な数学を可能な限り現実世界の問題や日常的経験と結びつけようと考えました。私たちはまた、難しいというだけの理由で敬遠しない、との約束を守りました。何かを平易な言葉で説明できないなら、それは自分が正しく理解していないからだ、というマントラを唱えながら。おおまかに言うと、デイヴィッドは各章の歴史的・哲学的な面や逸話の部分を担当し、アグニージョはより専門的な側面に取り組みました。アグニージョはデイヴィッドの書いた内容の事実確認をし、デイヴィッドはすべての文章を整え、章を構成して、原稿を作りました。すべてが驚くほどうまく運びました！　出来上がった本書をみなさんが楽しんで下さることを願っています。

お読みになるみなさんへ

　本書をぱらぱらめくると、xやω（オメガ）、果ては$\aleph$（ヘブライ文字のアレフ）のような変わった記号が含まれているのに気が付かれるでしょう。時には（特に、大きな数と無限を扱った章で）、$3 \uparrow\uparrow 3 \uparrow\uparrow 3$といった見慣れない数式——というか文字の並んだもの——まで出てきます。数学者でない方はとまどうかもしれませんが、どうかそこで投げ出さないで下さい。それらは単に、ある考え方を短く表すための方便で、その前に十分な説明がなされています（著者としては、その説明で内容が伝わっていることを願います）。記号を使うことで、そうでない時よりもいくらか迅速に、より深いところまで主題を掘り下げることができるのです。著者の片方（デイヴィッド）は長年数学の個人レッスンをしてきましたが、本人が自分の力を信じて、それでもこうした記号をうまく理解できなかった人はひとりもいませんでした。実際は、私たちはみんな、自分で気付いていなくても生まれながらに数学者なのです。そのことを心に刻んだうえで、さあ、始めましょう。

第 1 章

この世界の背後にひそむ数学

もっと不思議なことも起こった。なかでもいちばん不思議なのは、サルに近い種が数学を扱えるという驚異である。
——エリック・T・ベル、『*The Development of Mathematics*（数学の発達）』

物理学は数学的だ。それはわれわれが物質世界に精通しているからではなく、あまりにもわずかしか知らないからである。われわれが発見しうるのは、数学的な特質だけなのだ。
——バートランド・ラッセル

知的能力の点でいえば、ホモ・サピエンスは過去10万年にわたって——仮にまったく変化がないわけではないとすれば——ほとんど変化していません。ケブカサイやマストドンが地上を闊歩していた時代の人類の子供たちを連れてきて現代の学校に入れれば、彼らは21世紀の一般的な子供と同じように成長するでしょう。彼らの脳は算数も幾何も代数も吸収するはずです。彼らが本気で数学をもっと深く探求したいと思ったら、それを阻むものはなにもなく、いつの日かケンブリッジやハーバードの数学教授になることだってありえます。

　私たちの神経系は、現代のような使われ方などまったくされていなかった大昔に、高度な計算ができて集合論や微分幾何学も理解できるように進化しました。実際、人類が生き延びる上ではっきり役立つ価値もなさそうな「高等数学に対応できる能力」を私たちが生まれながらに持っているのはなぜなのか、いくぶん謎めいて見えます。しかし同時に、ホモ・サピエンスが出現して今まで生き残っている理由は、知性と論理的思考力、事前計画力、そして「もし〜だっ

たらどうなるか」と問う力の点でライバルたちより勝っていたからでしょう。動きの速さや強い力といった能力を持たなかった私たちの祖先は、抜け目のなさと先を読む力に頼らざるをえませんでした。論理的思考能力は私たちの最大の武器となり、やがてそこから複雑なコミュニケーションの能力、象徴化や記号化の能力、そして身の回りの世界を合理的に捉える能力が導かれました。

　あらゆる動物と同じく、私たちもその場その場でたくさんの難しい数学を効率よくこなしています。飛んできたボールをキャッチする（または、捕食者から身をかわす、獲物を狩る）というシンプルな行動には、いくつもの方程式を同時に高速で解く作業が含まれています。同じことをロボットにさせるためのプログラムを組もうとしてみれば、これにかかわる計算がどれくらい複雑かがすぐにわかります。しかし人類の大きな強みは、具体から抽象へ進む能力——状況を分析し、「もし～ならどうなるか」と問いかけ、あらかじめ計画を立てられることでした。

　農業の黎明期には、季節の移り変わりを正確に把握する必要が生まれました。交易と定住生活が始まると、取引を行い、記録を付けなければならなくなりました。暦と商取引というこの両方の実用的な目的のために、必然的にある種の計数法が発達し、初歩的な数学が産声を上げました。それが起こった場所のひとつが中東です。考古学者の発掘で紀元前8000年頃のシュメールの交易用トークン（小型の粘土製品）が見つかっており、それを見ると当時の人々が数をどのようにあらわしていたかがわかります。この時期には、彼らは数えられる"もの"と数の概念を分けて考えていなかったようです。たとえば、異なる品物（羊や、油の入った壺）ごとに、それぞれ形の違うトークンがありました。取引相手と多数のトークンを交換する時には、トークンをブッラと呼ばれる器に入れて密封しました。これだと、中身を確かめるには器を割らなければいけませんでした。やがて、ブッラの表面に、中に何個のトークンが入っているかを示す印が刻まれるようになりました。このシンボル表現が発展して数字記述システムになっていき、トークンはどんなものを数えるのにも使えるよう一般化されて、最後には初期の硬貨へと変貌します。その過程で、数の概念は数えられる対象のものから離れて抽象化し、たとえば、ヤギが5頭でもパンが5切

第1章

この世界の背後にひそむ数学

エジプト人は実用的数学をよく理解しており、ピラミッド建設に活用しました。写真はギザにあるカフラー王のピラミッドとスフィンクス。

れでも、「5は5」であると捉えられるようになっていきました。

　この段階では、数学と日常の現実の間に強い結びつきがあったと考えられます。数の勘定（計数）と記録は農民や商人の実用的ツールでした。ツールが必要な時に役立ってくれさえすれば、その背後にある哲学など誰が気にするでしょう？　単純な算数は、「すぐそこにある」世界にしっかり根を下ろしています。ヒツジ1頭とヒツジ1頭を足せばヒツジは2頭ですし、ヒツジ2頭とヒツジ2頭を足せばヒツジは4頭です。これ以上単純な話はありません。しかし、もっと詳しく考えてみると、ここですでにちょっと不思議なことが起きているのがわかります。「ヒツジ1頭とヒツジ1頭を」と言う時、そこにはどのヒツジも同じであるという前提があります。あるいは少なくとも、計数という目的に関しては、ヒツジ同士の違いは問題にされません。しかし2頭のヒツジは決して同じではありません。私たちは今しがた、ヒツジについて認識した"質"——ヒツジが"同一であること"あるいは"異なっていること"——を抽象化し、その質にもとづいて、足し算というもうひとつ別の抽象化を行ったのです。これは大きな一歩です。1頭のヒツジと1頭のヒツジを足すことは、同じ場所に2

頭を一緒に置くことと同じです。しかしまた、ヒツジたちはそれぞれ異なっていて、さらにもう少し深く考えれば、私たちが「ヒツジ」と呼ぶものは——他のあらゆるものと同様に——それ以外の世界から切り離された存在ではありません。そのうえ、私たちが「そこにある」と考える物体（たとえばヒツジ）は、私たちが知覚を通じて得た信号を脳内で構成したものだという事実があって、これはいささか私たちに混乱をもたらします。ヒツジには外的な世界にはっきり存在するという実在性があるとしても、物理学の教えるところによれば、それは不断に流動しつづける亜原子粒子〔原子よりも小さい粒子〕が非常に複雑な形で一時的に集まったものです。それでも、ヒツジを数える時に私たちはこの恐ろしいほどの複雑さを無視することができています。というより、日常生活ではそんなことを意識すらしません。

　数学は、あらゆる学問のなかで最も正確で不変です。科学をはじめとした人間の探求の試みは、どうがんばっても理念の近似値どまりであり、時代とともに変化し進化しつづけています。ドイツの数学者ヘルマン・ハンケルが述べたように、「大部分の科学では、ある世代が築いたものを別の世代が打ち倒し、ある世代が確立したものを別の世代が取り消す。ただ数学のみが、世代ごとに古い構造の上に新しい物語が足されていく」のです。数学とそれ以外のあらゆる学問のこの違いは、そもそも不可避です。なぜなら、数学は、知性が感覚を通して受け取ったメッセージの中から最も基本的で普遍だと認識したものを抽出するところから出発するからです。そこから、量を測る手段としての自然数の概念や、その量を組み合わせる基本的な方法としての足し算と引き算へとつながります。何かが1個であること、2個であること、3個であること……などなどは、ものの集まりに共通する特性とみなされます。そのものが何であっても、また、同じタイプの中で個々のもの同士がどれだけ異なっていても、です。数学がこの永遠に続く確固たる根本性質を持つという事実は最初から保証されており、そこが数学の最大の強みです。

　数学は、存在しています。それは疑う余地がありません。たとえば、ピタゴラスの定理は私たちの現実の一部分です。しかし、数学は、それが使われたり何らかの物質的な形で示されたりしていない時には、どこに存在しているので

しょう？　そして、誰も数学のことを考えていなかった何千年も昔には、どこに存在していたのでしょう？　プラトン主義者たちの考えでは、数字や幾何学の形状やそれらの間の関係といった数学的対象は、私たちや、私たちの思考や言語や、物理的宇宙とは別個に独立して存在しているとされます。数学がどんな種類の永遠の領域に住まうのかははっきり示されませんが、何らかのやりかたで“どこかに”存在しているという前提は共通です。おそらく、大部分の数学者はこの考えに与(くみ)していることでしょう。従って、数学は発明されたのではなく発見されたという考え方を持っているはずです。また、おそらく大部分の数学者はそういう哲学問答にはあまり興味がなく、数学に取り組んでいるだけで幸せです。ちょうど、物理学者の大多数がラボで働いたり理論的な問題を解いたりする時に哲学的な形而上学など気にしないのと同じです。それでも、ものごとの――この場合、数学的なものごとの――究極の本質というものは、たとえ最終的な答えに決して到達できないとしても、興味をそそります。プロイセンの数学者・論理学者のレオポルト・クロネッカーは、整数だけが神に与えられたと考えました。彼自身の言葉を借りるなら、「神は整数を作り、それ以外のすべては人間が作ったものである」というのです。イギリスの天文物理学者アーサー・エディントンに至っては、「数学は、われわれがそこに置いた時にはじめて存在するようになる」と言っています。精神と物質の相互作用から生まれる「数学は発明されたのか、発見されたのか、それとも両方が組み合わさったものなのか」の議論は、間違いなくこの先もずっと続くでしょうし、結局のところ明快な答えは出ないかもしれません。

　はっきりしている事実がひとつあります。もし数学のどこか一部が真であると証明されれば、それはいつまでもずっと真のまま残るということです。見解の相違や主観的影響が入り込む余地はありません。イギリスの哲学者・論理学者・数学者のバートランド・ラッセルは、「私は数学が好きだ。なぜなら、数学は人間の営みにかかわりなく、地球ともこの宇宙全体とも特に何の関係も持たないからだ」と言いました。ドイツの数学者ダーフィット・ヒルベルトも似たことを言っています。「数学は人種も地理的境界線も知らない。数学にとって文明世界はひとつの国だ」。人間的なものが入り込む余地のない普遍的性質

は数学の最大の強みですが、それによって専門家の目に映る数学の美的魅力が損なわれることはありません。「美しさこそが第一の試金石である。醜い数学が永住する場所はこの世界にはない」と言ったのは、イギリスの数学者G・H・ハーディです。同じ感情を理論物理学の分野で表明したのがポール・ディラックでした。「基本的な物理法則は極めて美しく力強い数学理論の形で表現されるということが、自然の根本的特性のひとつであるように思える」。

しかし、数学の普遍性の裏側には、数学はともすれば情熱や感情がなくて冷たく無味乾燥に見えがちだ、という面があります。ですから、もしも別の世界の知的生命体が現れて、彼らの数学が私たちのものと同じだったとしても、数学は私たちにとって大事な意味のある多くのことがらを彼らに伝えるための最良の手段にはなりえないでしょう。SETI（地球外知的生命体探査プロジェクト）の研究者セス・ショスタックは、次のようにコメントしています。「数学を使ってエイリアンと会話すればいいと言う人は多くいます」。実際、ドイツの数学者ハンス・フロイデンタールはこのアイデアに基づいて人工言語（Lincos）を作りました。「しかし」とショスタックは言います。「私個人は、数学で愛や民主主義といった理念を説明するのは困難だと思います」。

科学者の（少なくとも物理学者にとっての）究極の目標は、この世界で観察した出来事を数学的説明に落とし込むことです。宇宙論研究者や粒子物理学者やそれに類する学者たちは、ものごとを測定して数値で示し、次にそれらの数値同士の関係を見出すことを無上の喜びとしています。宇宙は本質的に数学的であるという考え方は、控えめに言ってもピタゴラス学派と同じくらい古くからあります。ガリレオは世界を数学という言葉で書かれた「偉大な書物」だと考えました。最近では、1960年にハンガリー系アメリカ人の物理学者・数学者ユージン・ウィグナーが「自然科学における数学の理不尽な有効性」と題する講演録を出版しています。

私たちは、現実の世界で直接 "数" を見ることはありませんから、数学が身の回りのどこにでもあるということは一目瞭然ではありません。しかし、形——惑星や恒星のほとんど球に近い形や、何かを投げた際にその飛跡が描く曲線や、何かが軌道上を回っている際の曲線、雪の結晶の対称形など——は私

たちの目に入り、それらは数同士の関係によって説明することができます。他にも、電気や磁気のふるまい、銀河の回転、原子の中での電子の働きなどから、数学に置き換え可能なパターンが立ち現れます。それらのパターンやそれを説明する方程式は、個々の出来事を実証し、私たちのまわりで変化しつづける複雑性の底には時の流れに左右されない深淵な真実が横たわっていると示しているように見えます。電磁波の存在を初めて確定的に証明したドイツの物理学者ハインリヒ・ヘルツは、「これらの数式は独立して存在していてそれ自体の知性を持っており、数式はわれわれよりも、その数式の発見者よりもなお賢く、われわれは最初に数式に盛り込んだものよりも多くをそこから引き出している——という感じ方から、人は逃れることができない」と述べています。

　近代科学の基礎が本質的に数学的であることは、疑いようもない事実です。しかしそれは必ずしも、現実そのものが根本的に数学的だという意味にはなりません。ガリレオの時代このかた、科学は主観的なものごとと客観的な（つまり測定可能な）ものごとを区別し、後者に焦点を合わせてきました。観察者のかかわりを排除し、脳と感覚の相互作用を越えた領域にあるとみなされるものだけを注視することに全力を注いできたのです。近代科学の発展の道のりを見れば、今後も本質的に数学的でありつづけることが保証されているも同然です。しかし、科学が扱いに困る問題がたくさん残ることになります——最もわかりやすい例は、私たちの意識です。いずれ、記憶や視覚情報の処理などなどの際に脳がどう働いているかの優れた包括的モデルが生み出される日が来るかもしれません。それでも、なぜ人間は内的経験を——「これはどういうことなのか」と問う力を——持っているのかは、従来の科学の領域、転じては数学の領域には入らないまま残りますし、おそらくいつまでもそのままでしょう。

　プラトン主義者たちは、数学はもとから存在する大陸で、探検されるのを待っていると信じていました。一方、数学は、人間が目的に合うように発明したものだと考える人たちもいます。どちらの立場にも、弱点はあります。プラトン主義者たちは、π（パイ）のような数学的対象が物理的宇宙でもわれわれの精神の中でもない場所に存在すると確信しているわけですが、それが具体的にどこなのかを説明できません。一方、プラトン主義者でない人々は、たとえば

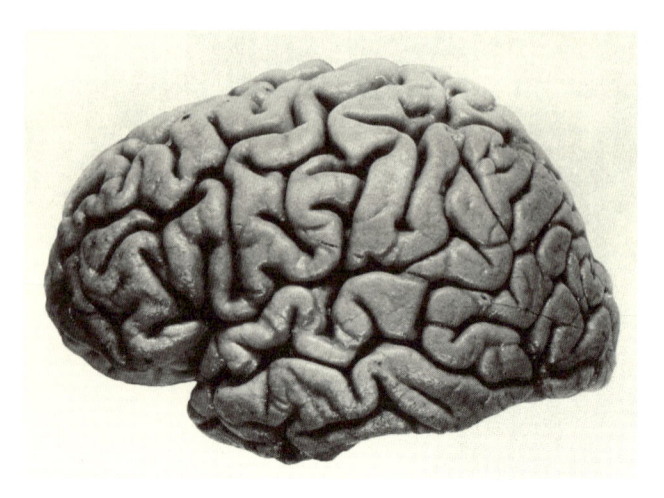

なぜ人間の脳は、生き延びるには必要ない主題—数学—をこれほど巧みに扱えるように進化してきたのでしょう？

惑星が太陽の周囲を楕円軌道を描いて回りつづけていることと数学には関係がないことを示さなければならないはずですが、証明できていません。数理哲学の第三の学派はこのふたつの立場の中間に立ち、数学は時には使い手の目的通りに物事を説明するけれど、現実世界の説明には必ずしも成功しない、と指摘しています。そう、方程式は、宇宙船をどういう航路で飛ばせば月や火星へ行けるかを知るには役立ちますし、新しい航空機の設計や数日先の天気の予測には適しています。しかしそれらの方程式は、その方程式が説明しようとする現実の近似値でしかなく、そのうえ私たちのまわりで起きていることのごくごく小さな一部分にしかあてはまりません。リアリストならこう言うでしょう、「われわれは、数学の成功を過度にほめそやすことで、数式で捉えるには複雑すぎたりよく理解されていなかったりする現象や、本質的にこの種の分析の対象となるほど簡略化できない現象のほとんどを軽視しているのだ」と。

この宇宙が実際は数学的でないということはありうるでしょうか？　結局のところ、宇宙空間とその中に含まれる物体は、私たちに数学的なものを直接示しているわけではありません。人間が、宇宙のさまざまな面をモデル化するために、合理性を追求し近似的な数学を組み立てているのです。そうするなかで

私たちは、宇宙を理解する上で数学が非常に役立つことを見出しました。だからといって、数学は私たちにとって自分たちが生み出した利便性以外の何か別の意味も持つとは言いきれません。しかし、もしも数学がそもそもこの宇宙に存在していなければ、どうして私たちはいろいろな場面で使うために数学を発明することができるでしょう？

　数学は、大ざっぱにいうと純粋数学と応用数学というふたつの領域に分かれます。純粋数学は、数学のための数学です。応用数学は、数学の主題を現実世界の問題に適用しようとします。しかし、具体的な何かとはまったく関係がなさそうな純粋数学の発展が、後になってみれば科学者や技術者にとって驚くほど有用だと判明することもよくあります。1843年、アイルランドの数学者ウィリアム・ハミルトンが、一般的な数を拡張した「四元数」〔四種類の数の組み合わせで一つの数をあらわしたもの〕のアイデアを産み落としました。当時は実用的な利益がなにひとつありませんでしたが、1世紀以上経った後、ロボット工学やコンピューターグラフィックスやゲームで有効なツールであることがわかりました。1611年にヨハンネス・ケプラーが初めて取り組んだ、三次元空間に球を最も効率よく充填する方法（ケプラー予想）は、現在ではノイズの多いチャンネルで効率よく情報を伝えるために適用されています。最も純粋な数学領域である数論は、そのほとんどが実用的価値はないと考えられていましたが、近年になってセキュリティレベルの高い暗号の開発に重要な突破口を開きました。また、ベルンハルト・リーマンが開拓した曲面を扱う新しい幾何学は、50年以上のちにアインシュタインの一般相対性理論――重力に関する新理論――の定式化に理想的であることがわかりました。

　1915年7月、歴史上もっとも偉大な科学者のひとりが、その時代の最も偉大な数学者のひとりに会いました。アインシュタインが、ゲッティンゲン大学のダーフィット・ヒルベルトを訪ねたのです。同年12月、ふたりはほぼ同時に、アインシュタインの一般相対性理論の重力場を説明する方程式を発表します。しかし、アインシュタインにとってこの方程式自体がゴールだったのに対して、ヒルベルトはそれが一層偉大なスキームへ向けた足がかりになることを願っていました。ヒルベルトが情熱を傾けたのは、数学全体の根底をなす基本

原理、すなわち公理の追求でした。この情熱こそ、彼の業績の大部分を生み出した原動力でした。その探求の一部分と彼が考えていたのが、アインシュタインの一般相対性理論だけでなく他のどんな物理学理論をも演繹することのできる、最小限の公理のセットを見つけることでした。しかし、オーストリア・ハンガリー帝国出身の数学者クルト・ゲーデルは、不完全性定理によって、"数学はあらゆる問題への答を持つ"という概念への信仰の足元を突き崩しました。結局、私たちはいまだに、自分たちが生きているこの世界がどの程度まで数学的なのか、それとも単に数学的に見えるだけなのかに確信を持てずにいます。

数学は、純粋な研究の新しい道筋を切り開く以外の役に立たないのかもしれません。その一方で、純粋数学の多くが物理的宇宙の中で——もしくは、この宇宙でないとしても、宇宙論者たちが存在を想定する理解不能なスケールの多元宇宙のどれかで——、予想もしない形で成立しているのかもしれません。おそらく、数学的に真であり妥当なものはすべて、私たちが属している現実のどこかに、いつか、何らかの形であらわれているのでしょう。私たちはとりあえず、"数と空間と論理の最前線を探検する人間の精神の風変りですばらしい冒険"という旅をすることにしましょう。

次の章から、奇妙で驚きに満ち、それでいて同時に私たちの知っている世界と極めて現実的に結びついている、そんな主題を深く掘り下げていきます。たしかに、数学の中には難解で地に足がついていなくて無意味にさえ見えるものがあります（たとえば奇妙で複雑な想像力がもたらすゲームのような）。しかし数学は、その中核部分において、商業や農業や建築にルーツを持つ実用的なものです。現在の数学は私たちの祖先が夢にも思わなかった形で発展してきましたが、本質的には日常生活とのつながりをまだ保っているのです。

第 2 章

4次元を見るには

弦理論の最も変わった特徴は、われわれが自分たちの周囲の世界を直接
見る時の3次元よりも多くの空間次元を必要とすることだ。まるでSFの
ように聞こえるが、これは弦理論の数学的論理から導かれる議論の余地
のない結論なのだ。

——ブライアン・グリーン

私たちは3次元の世界に生きています。それは、上と下、右と左、前と後
ろ、あるいはそれ以外で互いに垂直に交わる3つの方向の世界です。1
次元の何か——たとえば1本の直線——や、2次元——たとえば紙に描いた四
角形——を思い浮かべるのは簡単です。けれども、私たちになじみのない4番
目の次元を見る方法は、どうやったら会得できるでしょう？ 私たちの知って
いる3つの次元と垂直に交わる4番目の方向は、どこにあるのでしょう？

　こうした疑問は、純粋に学問上の疑問のように見えます。私たちの世界が3
次元（3D）であるのなら、4Dや5Dやその先を気にする必要がどこにあるで
しょうか？ しかし実は、科学は、原子より微小なレベル（亜原子レベル）で起
きていることを説明するために高次元を必要とすることがあります。それらの
余剰次元が、物質とエネルギーの壮大な仕組みを理解する鍵かもしれないので
す。一方、より実際的なレベルの話をすると、もし私たちが4Dで見る方法を
身に着けたなら、医学や教育で使える新しくて強力なツールを手にすることに
なるでしょう。

　4番目の次元は、空間内の別の方向ではなく何か別のものだとされることも
あります。なにしろ、次元をあらわす英語のdimension（語源はラテン語 *dimensio*）

の意味は、単に「測定すること、測定値」です。物理学では、長さ、質量、時間、電荷などの基本単位によって他のすべての単位があらわされると考えられています。特に、アルベルト・アインシュタインが"私たちの生きているこの世界では空間と時間が常に結びついて時空と呼ばれるひとつの全体をなしている"と示して以来、物理学者はさまざまな場面で、空間の3つの次元と時間という1つの次元について語ることがあります。しかし、相対性理論が登場するよりも前から、空間の中を好きなように動けるのと同じように時間次元を前方や後方に移動するという可能性についての考察はありました。H・G・ウェルズは1895年に発表した小説『タイム・マシン』の中で、たとえば「瞬間的な立方体」は存在しえない、と説明しています。私たちが瞬間瞬間に見ている立方体は、縦、横、高さと、そして「持続」という次元を持つ4次元物体の断面でしかないのです。作中のタイムトラベラーは言います。「時間と、空間の3つの次元との間には、われわれの意識が時間に沿って移動するということを除いて、なにも違いはないんだ」。

　ヴィクトリア朝〔1837〜1901〕の人々は、空間の4つめの次元という発想にも魅了されていました。理由のひとつは数学的な視点での関心でしたが、もうひとつは、当時流行していた降霊術にそれで説明がつくのではないかと考えられたからでした。19世紀後半は、作家のアーサー・コナン・ドイル、詩人のエリザベス・バレット・ブラウニング、化学者のウィリアム・クルックスも含めて多くの人が、霊媒の発言や死者との交信に魅力を感じていました。この世界と並行して、あるいはこの世界に重なるように存在する4番目の次元に死後の世界があり、死者の霊魂は私たちの物質世界と難なく行き来できるのではないか、と人々は考えたのです。

　私たちは高次元を視覚化できないため、4番目の次元は謎めいていて、私たちの知っているなにものとも異なると考えたくなります。けれども、数学者は4次元の物体や空間を扱うのに何の問題も感じません。なぜなら、数学者はそれらの性質を説明するために、それが実際にはどう見えるかを想像する必要がないからです。4次元の性質は、いかなる4次元を見るための精神的な鍛練に頼ることもなく、代数と微積分で把握することができます。例として、円を考

えてみましょう。円は、平面上の任意の1点 (中心) から等しい距離 (半径) だけ離れたすべての点からなる曲線です。直線と同じように、円には長さだけしかなく、幅も高さもありませんから、1次元的です。自分が1本の線の中にいると想像して下さい。あなたができる動きは、線の中をどちらかの方向へ移動するだけです。円でも同じことです。円は2次元以上の空間に存在していますが、もしあなたが円に閉じ込められていれば、移動の自由は線の中にいる時と変わりません。できるのは円に沿って前後に行ったり来たりすることだけで、動きは単一の次元に縛り付けられています。

　数学者でない人の中には、円は周辺の線と、その線で囲まれた領域を含んでいると思っている人もいます。しかし、数学者にとっては「円で囲まれた領域」は円 (circle) ではなく、全然別の「円板 (disk)」です。円は2次元の平面に「埋め込まれた」1次元の曲線です (1枚の紙に精密に描かれた円は、これに非常に近い状態です)。円の長さ、つまり円周は、$2\pi r$で与えられます。この場合のπは円周率、rは半径です。円に囲まれた領域の面積は、πr^2です。さて、次元がひとつ増えると球 (sphere、球面) が登場します。球は、3次元空間内の任意の1点から等距離にある点が集まってできています。つまり実際の球は2次元の面です。数学に詳しくない人はこれについても、球面の内側まで含めた全部が球だと誤解していることがあります。しかし、数学者は明確な区別をしており、球面の内側まで含むものは「球体 (ball)」と呼びます。球面は、3次元空間に埋め込まれた2次元の曲面です。面積は$4\pi r^2$、内部の体積は$\frac{4}{3}\pi r^3$です。一般的な球面は2次元なので、数学者はこれを2次元球面 (2-sphere) と呼びます。同じ命名法で、円は1次元球面といいます。より高次の球面は超球面 (hypersphere) と総称され、n次元球面 (n-sphere) と呼ばれます。最も単純な超球面である3次元球面は、4次元空間に埋め込まれた3次元の物体です。私たちはその姿を想像することができませんが、類推によって理解することはできます。円が曲線で、普通の球面 (2次元球面) が曲面であるように、3次元球面は4次元空間中の湾曲した (3次元の) 立体です。単純な微積分により、数学者はこの湾曲した立体の体積が$2\pi^2 r^3$であると示すことができます。3次元球面の$2\pi^2 r^3$は、2次元球面の面積 (球の表面積) に相当する量で、3次元超面積 (cubic hyperarea) と呼ばれま

す。3次元球面の内側にある4次元空間は $\frac{1}{2}\pi^2 r^4$ であらわされる4次元の体積——4次元超体積 (quartic hypervolume) ——を持っています。3次元球面についてのこうした事実を証明するのは、普通の円の円周の長さや球の表面積の証明よりずっと難しいというわけではありませんし、証明のために3次元球面が実際にはどう見えるのかを理解する必要はありません。

同様に、4次元の立方体——つまり「正八胞体 (tesseract)」——を2次元あるいは3次元の中であらわそうと試みることは可能ですが（これについては後で詳しく説明します）、4次元立方体の見た目を把握するには相当な苦労がいるでしょう。それでも、正方形から立方体を経て正八胞体への発展を説明するのは簡単です。正方形は4つの頂点と4本の辺から成り、立方体は8つの頂点、12本の辺、6つの面を持っていて、正八胞体は16個の頂点、32本の辺、24の面、8つの「胞 (cell)」を持っています。胞というのは3次元の面に相当するもので、立方体で構成されています。4次元立方体の視覚化を阻むのがこの胞です。正八胞体では8つの立方体の胞が、1つの4次元空間を囲い込むような形で配置されています。ちょうど、立方体の場合に6つの正方形の面が1つの3次元空間を囲い込むように配置されているのと同じです。

私たちが4次元に関して普通にできるのは、せいぜい3次元から類推することまでです。たとえば、「4次元世界の超球面が私たちの空間を通り抜けるとしたら、どんなふうに見えるだろう？」と問う場合、私たちは3次元の球が平面を通り抜ける際に何が起こるかを考えることで、ある種のイメージを思い浮かべることができます。平面に住む2次元生命体がいると仮定しましょう。彼らには自分たちの平面世界の表面しか見えません。彼らの目が捉えるのは点と、長さの異なる線だけです。彼らはそれを2次元の形としてしか解釈できません。3次元世界の球が2Dの空間に接触すると、2Dの中では点にしか見えません。点は徐々に成長して円になり、円の直径が球面の直径に等しくなると今度は縮みはじめ、球面が通り過ぎると消滅します。同様に、もし4次元世界の球面が私たちの世界を通り抜けるとしたら、私たちは、点が現れて泡のように拡張し、見慣れた球になって、最大サイズに達した後に縮み、最後には消滅するのを目にするでしょう。謎いた出現と成長と消滅を見て私たちは「一体何

が起きたんだ！」と驚き不思議がるでしょうが、4次元の真の性質——別次元性——は私たちにはわかりません。

　私たちには、4次元の生物が魔法の力を持っているように思えるでしょう。たとえば、3次元世界にある右足用の靴を彼らがひょいと取り上げ、4次元でひっくり返して戻してくると、靴は左足用になっているという具合です。わかりにくければ、2次元の靴（右足用と左足用の形がある、厚みのない靴底のように見えるもの）を考えて下さい。私たちはその靴を紙から切り抜き、裏返して紙の上に戻して、逆の足の形にすることができます。2D生物にとっては驚愕以外のなにものでもありませんが、彼らよりひとつ余分な次元の恩恵を受けている私たちにはあたりまえのことです。

　原理上は、4D生物は3Dの人間を4次元の中で丸ごとひっくり返すことができます。しかし、突然左右が入れ替わってしまった人の例がこれまで報告されていないところをみると、実際に起きたことはなさそうです。H・G・ウェルズの短編『プラットナー先生奇譚』は、学校の化学実験室での爆発事故後9日間姿を消したゴットフリート・プラットナーという教師の話です。戻ってきた彼は以前の彼の鏡像になっていましたが、その9日間に何があったかをいくら彼が話しても、周囲には信じてもらえませんでした。4次元で裏返されると、鏡の中の自分に違和感を覚える（実は人の顔は驚くほど左右が非対称です）だけでなく、健康にも良くないと考えられます。私たちの体を作っている重要な化学物質の多くは——グルコースや大部分のアミノ酸も含めて——、特定の“掌性せい”つまり右巻きか左巻きかに似た性質を持っています。たとえばDNA分子の二重らせんは、必ず右ねじの向きにねじれています。もしも体内のすべての化学物質が左右反転したら、その人は植物や動物から摂取すべき必須栄養素の大部分を消化吸収できなくなり、栄養失調でたちまち死んでしまうでしょう。

　第4の空間的次元への数学的関心が芽生えたのは19世紀前半、ドイツの数学者フェルディナント・メビウスの論文がきっかけでした。彼にちなんで名づけられた「メビウスの帯（メビウスの輪）」という形状の研究や、トポロジーと呼ばれる分野のパイオニアとして有名な人です。4次元では3次元の形状を回転させて鏡像にすることができると最初に気付いたのは彼でした。19世紀後半

には、3人の数学者が多次元幾何学という新領域の研究で優れた業績を残しました。それが、スイスのルートヴィヒ・シュレーフリ、イギリスのアーサー・ケイリー、ドイツのベルンハルト・リーマンです。

シュレーフリは代表論文の『連続的多様体論』の冒頭で次のように述べました。「本稿は（…）n次元の幾何学という新しい分析領域を発見し開拓せんとする試みである。この幾何学には、平面及び空間の幾何学が$n＝2$、$n＝3$の特殊な場合として包含される」。彼はさらに、多角形と多面体の多次元における類似物についても論じ、それを「ポリスキーム」と呼びました。それらは現在は一般に超多面体（ポリトープ）と呼ばれています。この言葉を作ったのはドイツの数学者ラインホルト・ホッペで、イギリスに紹介したのは数学者アリシア・ブール・ストット──ブール代数の祖である数学者・論理学者ジョージ・ブールと独学の数学者だったその妻メアリー・エヴェレスト・ブールの娘──です。

高次元において「プラトンの立体」に相当するものを発見したのも、シュレーフリでした。プラトンの立体というのは、正多面体とも呼ばれ、凸形状の（すべての頂点が外向きに突き出ている）立体のうち、どの面も同一の正多角形で、かつ、ひとつの頂点で接する面の数がどこも等しいような形です。正四面体、正六面体（立方体）、正八面体、正十二面体、正二十面体の5種類があります。このプラトンの立体に相当する4次元の図形は、凸状の4次元正多胞体（別名ポリコロン）です。シュレーフリはそれらが6つあることを発見し、胞の数に応じて名前を付けました。一番単純な4次元の多胞体は正五胞体で、四面体の形をした胞が5つ、三角形の面が10枚、辺が10本、頂点が5つあり、正四面体の4次元版です。次が正八胞体（テッセラクト）と、その"双対"である正十六胞体です（双対とは、胞と頂点、面と辺をそれぞれ入れ替えた時にできる形をあらわす言葉です）。正十六胞体は正四面体16個、正三角形の面32枚、辺24本、頂点8個を持っていて、正八面体の4次元版にあたります。それから、正十二面体の4次元版である正百二十胞体と、正二十面体の4次元版である正六百胞体があります。そして最後に、正二十四胞体です。これは正八面体の形をした胞24個で構成され、3次元にはこれに相当する正多面体がありません。興味深いことに、5次元以上になると、凸正多胞体の数はどの次元でも3つだけになります。これ

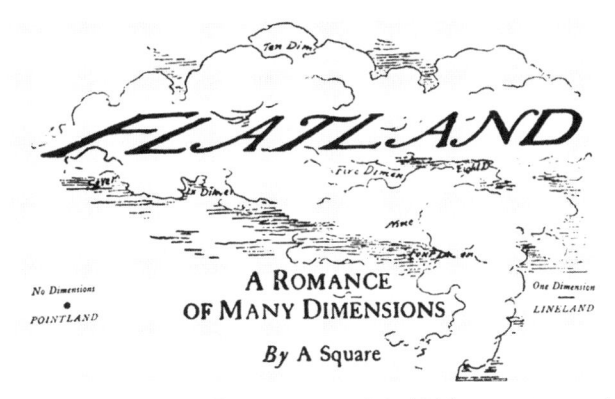

エドウィン・アボットの『フラットランド』初版表紙 (Seeley & Co., 1884)。

も、シュレーフリが発見しました。

　ケイリーやリーマンやその他の人々の研究を通じて、数学者たちはどうやって4Dで複雑な代数を行うのか、そしてどうやってそれをユークリッドの法則を越えた多次元幾何学へ広げるかの方法を学びました。しかし彼らにもやはり、4次元を実際に見ることはできませんでした。いったいそれができる人がいるのでしょうか？　イギリスの数学者・教師・科学ロマンス作家のチャールズ・ハワード・ヒントンは、この問題に大いに興味をかきたてられました。ヒントンは20代から30代はじめにかけてイングランドの私立学校で教鞭を執っていました。最初はグロスターシャーのチェルトナム・カレッジで教え、その後ラトランドのアッピンガム・スクールに移ります。アッピンガムでの同僚にハワード・カンドラー――アッピンガム最初の数学教師――がおり、カンドラーはエドウィン・アボットの友人でした。ちょうどこの時期にあたる1884年にアボットは、今では古典となった風刺小説『フラットランド――たくさんの次元のものがたり――』を出版しました。その4年前にヒントンは、異空間についての自身の考えを「4次元とは何か」という論文で発表していました。この中で彼は、3次元の私たちの周囲を飛び回っている素粒子は、実在する4次元の直線や曲線の断面だと考えてもよいかもしれないという発想を展開しています。人間自身も実は4次元の存在かもしれず、「われわれの連続的な状態

は、その4次元存在が3次元空間——われわれの意識が閉じ込められている空間——を通過しているところなのかもしれない」と彼は述べています。アボットとヒントンの間にどの程度交流があったのかはわかりませんが、ふたりは間違いなくお互いの著作を知っており（それぞれが書いたものの中に相手の著作への言及があります）、共通の友人がいた以上、直接的な接触があったかもしれません。カンドラーはアボットとの会話で、別の次元についてあけっぴろげに語るアッピンガムの若い教師のことを話題にしたに違いありません。

　ヒントンはまったく型破りな人でした。イングランドでの教員時代、彼は前に触れたメアリー・エヴェレスト・ブールとジョージ・ブールの娘、メアリー・エレン・ブールと結婚しました（ちなみにメアリー・エヴェレストは世界一高い山の名前の元になったジョージ・エヴェレストの姪です）。ところが、この結婚から3年後、ヒントンはチェルトナム・カレッジ時代に知り合ったモード・ウェルドンという別の女性とも密かに結婚式を挙げ、双子をもうけたのです。この行動には、彼の父で外科医のジェイムズ・ヒントンが一夫多妻と自由恋愛を掲げる集団の指導者だったことも影響していたのでしょう。いずれにしても、ヒントンはオールド・ベイリー刑事裁判所で重婚により有罪宣告を受け、数日間投獄されました。その後彼は最初の家族とともに日本に赴いて数年間教師を務め、次いでアメリカのプリンストン大学の数学教師になります。プリンストンでは1897年に野球のピッチングマシンを設計したというエピソードがあります。黒色火薬を装填してボールを時速40〜70マイル（64〜113km）で発射する装置でした。『ニューヨーク・タイムズ』の同年3月12日版に、「長さ2.5フィート（76cm）ほどの砲身を持つ重砲形で、後方にライフル（施条砲）機構が付いている」と描写されています。この装置の最大の特徴は、「砲身の内側に差し込まれた2本の曲がった棒」を利用してカーブを投げられることでした。プリンストン大ナインは2〜3シーズンの間この装置を時々使いましたが、安全性に問題があるとして使用を止めました。装置で怪我人を出したことが、ヒントンが大学をクビになった一因なのかどうかははっきりしませんが、いずれにせよ、ヒントンが1900年に短期間教職を得たミネソタ大学で同じ装置を作る妨げにはなりませんでした。その後彼はワシントンD.C.のアメリカ海軍天文台に就

職しました。

　ヒントンの4次元への情熱の芽生えは、彼がイングランドで教師になったばかりの頃——他の人々が4次元についての文章を発表し、それを降霊術に結び付けられないかと考えていた頃——までさかのぼります。1878年、ライプツィヒ大学教授のフリードリヒ・ツェルナーが、『クォータリー・ジャーナル・オブ・サイエンス』（化学者で有名な降霊術師でもあったウィリアム・クルックスが編集する季刊誌）に「4次元の空間について」という論文を発表しました。ツェルナーは、ベルンハルト・リーマンの講演録「幾何学の基礎をなす仮説について」を参照しつつ堅固な数学的基盤から出発します。「幾何学の基礎をなす仮説について」はリーマンの没後2年の1868年に出版されましたが、講演自体が行われたのは出版の14年前、リーマンがまだゲッティンゲン大学の学生だった時です。リーマンはゲッティンゲンで師事した重鎮カール・ガウスがほのめかした「3次元空間は（2次元空間が曲がって球面になるのと同様に）湾曲できる」という概念から空間の曲率という着想を得て、さらにどんな次元の空間に対しても計算できるように曲率を定義しました。その結果生まれたのが楕円幾何学またはリーマン幾何学として知られるもので、後にアルベルト・アインシュタインの一般相対性理論の基盤のひとつになりました。ツェルナーはまた、若き射影幾何学者フェリックス・クラインが1874年の論文で発表した「4次元に持ち上げてひっくり返すだけで結び目はほどけ、鎖の輪はバラバラになる」という概念も借用しました。このようにしてツェルナーは、高次の世界に実在する（と彼が信じる）霊魂はいろいろなことを——たとえばツェルナー自身が目撃した、高名な（後に全くのイカサマだったことが判明する）霊媒師のヘンリー・スレードが交霊会でやってみせた結び目ほどきを——できると説明するための舞台装置をこしらえました。ヒントンもツェルナー同様、私たちが3次元の視点に押し込められているのは単に認知習慣のせいであるとして、4次元は私たちのまわりのあらゆるところにあって、見るための訓練をすれば見えるようになる、と考えました。

　4次元のものを想像するのは困難ですが、4次元物体を2Dでスケッチするのは難しくありません。特に、ヒントンが「テッセラクト（正八胞体）」と呼んだ、

立方体に相当する4次元図形の場合は簡単です。まず、2つの正方形を少しずらして描き、頂点同士を直線で結びます。そうすると立方体の透視図ができます。心の目（想像力）によって、2つの正方形のうち片方が（奥行き方向に）離れて行き、立方体として意識されるようになるのです。次に、2つの立方体が頂点同士でつながっている図を描きます。4D視力があれば、この2つの立方体を4次元の中で分離して——実際の、正八胞体の透視図として——見ることができるでしょう。残念ながら、4Dの物体を平面で表現しても、その物体が本当はどうなっているのかを知る助けにはあまりなりません。そこでヒントンは、4D図形のさまざまなイメージをあらわす回転可能な3次元モデルを使えば、4次元を見る訓練としてより実効性のあるアプローチになるのではないかと考えました。少なくともその方法なら、透視図の透視図ではなく、実物の透視図を扱うことになります。この目的のため、彼はいろいろな色を塗った1インチの木製立方体を使う複雑な視覚的補助具を考案しました。ヒントンの立方体セットは、16色に塗り分けた81個の立方体、どうすれば3D物体を2次元で組み立てられるかを類推によって示す「平板（スラブ）」27枚、多色で面と辺を塗り分けた「カタログ立方体」12個で構成されていました。ヒントンは入り組んだ操作によって（その操作方法は彼が1904年に出版した『4次元』で詳しく説明されています）正八胞体のさまざまな断面を提示し、次にそうした立方体や、それらの取りうる多様な方向を記憶することで、高次元世界をのぞく窓を得ることに成功しました。

　ヒントンは本当に頭の中で4次元の像を結ぶ方法を身に着けたのでしょうか？　彼は私たちのよく知る上下、前後、左右に加えて、「カタ（kata）」と「アナ（ana）」——彼が命名した、4次元の方向——も見ることができたのでしょうか？　その答えは、彼の頭の中をのぞかない限り、知りようがありません。ひとつ確かなのは、4D図形の3Dでの表現を構築できたのは彼だけではなかったということです。彼が前述の立方体セットを義妹のアリシア・ブール・ストットに紹介したところ、彼女は直観的に4次元を把握できる幾何学者になり、4D多胞体の3D断面をあらわすカードモデル作りの達人になりました。ただ、そうした方法で人間が真の4次元視覚を得られるのか、それとも単に高

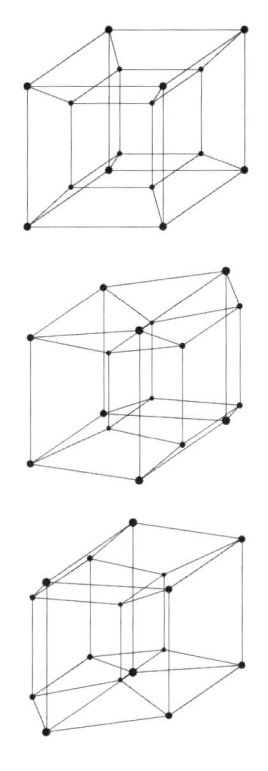

正八胞体の回転　　上：伝統的な「立方体の内部の立方体」という正八胞体の図。中：正八胞体が少し回転したところ。中央の立方体が移動しはじめ、外枠の立方体になる途中です。下：正八胞体はさらに回転し、中心部の立方体は外枠の立方体がもとあった位置にずっと近づいています。最終的に正八胞体は回転して最初の位置に戻ります。重要なのは、正八胞体がまったく変形していないことです。変化は、回転に伴う視点移動によるものです。

次元物体の幾何学を理解し認識する能力を得るだけなのかは、いまだに答えが出ていません。

　ある意味で、別の次元を見る力は、新しい色——これまでの経験の外にある色——を見る力と似ています。フランスの印象派画家クロード・モネは、82歳だった1923年に、白内障で濁りきった左目の水晶体を摘出する手術を受けました。するとそれ以降、彼が描く絵が、赤や茶色その他のくすんだ色調から青や

紫が主体の色調へと変化しました。彼は以前の作品の何点かを描き直しもして、たとえば白かった睡蓮の花を青みがかった色にしました。これは彼が紫外線領域まで見えるようになったしるしだという説があります。この説は、網膜にはおおむね波長が290ナノメートル（1ナノメートルは10億分の1m）の紫外線領域まで感知する能力があるものの、水晶体が紫色領域の端にあたるおよそ390ナノメートル以下の波長をブロックしているという事実でも裏付けられます。近年では、小さい子どもや水晶体を摘出した高齢者がスペクトルの紫色よりも外（紫外線領域の一部）を見ることができるという証拠が多く提示されています。なかでも詳しく記録されている例のひとつが、元米空軍士官である米国コロラド州の技師、アレック・コマルニツキーの話です。彼は白内障の治療で水晶体を摘出し、代わりに紫外線をいくらか通す人工眼内レンズを入れました。2011年に彼がヒューレット・パッカード社の研究施設でモノクロメーター（特定の波長の光のみを取り出す装置）を使ったテストを受けたところ、350ナノメートルまでの波長の光が深い紫色として識別でき、さらにその先の340ナノメートルまでの紫外線領域が明るさのわずかな違いとして感じ取れたと報告されています。

　ほとんどの人は、網膜に3種類の錐体細胞——色覚を担う細胞——を持っています。そうした人は色調の違いをおよそ100万通り見分けられますが、色覚異常の人の大部分や、多くの哺乳類（イヌや新世界ザルを含む）は2種類しか錐体細胞がなく、見分けられる色が1万通り程度に制限されます。ところが、稀に異なる働きの4種類の錐体細胞を持つ人がいることが研究者によって発見されました。この「4色型色覚」の持ち主は、普通の人の1億倍くらい色調の違いを見分ける力が高いと推定されています。ただ、たいていの人は「他人も自分と同じものを同じように見ている」と考えるため、特殊なテストをしない限り、4色型色覚の持ち主は自分の特別な色覚になかなか気づきません。

　ここでのポイントは、人間は場合によっては大部分の人が通常経験する範囲の外側にあるものも見る能力を備えているということです。紫外線が見える人や非常に微妙な色合いを識別できる人がいるのなら、4次元を見られる人がいる可能性も否定できないのではないでしょうか？　私たちの脳は明らかに、ふだん受け慣れていない感覚情報の処理にも適応できます。訓練次第では脳内で

4Dの像を結べるようになるかもしれません。

　現代の私たちはコンピューターをはじめとする先端技術を使えるので、4次元世界を視覚化する上でとても有利です。今では、たとえばワイヤーフレーム・モデル（輪郭線のみで立体を表現したモデル）の正八胞体をアニメーションで動かして、その見た目が回転とともにどう変化するかを平面スクリーン上で見ることができます。私たちの脳はまだ、それを見ても4次元のものとは捉えられず、相互に連結した立方体の不思議な挙動と解釈してしまいます。それでも、3次元の用語では説明のできない何か非常に「普通ではないこと」が起こっているという印象は受けます。私たちが今手にしている（または近い将来手にするであろう）テクノロジーは、4次元を直接体験できるようにしてくれるでしょうか？

　ある学派は、ヒントンらの主張とは違って人間は決して真に4Dの視覚を得られない、なぜなら私たちの周囲の世界はどこまでいっても3次元であり、人間の脳は3次元であり、私たちは受け取る感覚をすべて3Dの文脈で解釈するように進化してきたのだから、と言います。いくら精神と頭の鍛錬をしても私たちの身体を構成する素粒子が別の次元に入る助けにはならず、どんな技術的トリックを使っても4Dのものを——たとえば本物の正八胞体を——作ることはできない、ということです。しかし、そう言われたからといって、3Dの物体やシステムがひとりでに異次元へと展開する奇妙な出来事の組み合わせをSF作家が想像しなくなるはずもありません。ロバート・ハインラインが1941年に『アスタウンディング・サイエンス・フィクション』誌に発表した「歪んだ家」という短編は、8個の立方体を正八胞体の展開図のように3次元空間に配置した家を設計した独創的な建築家の物語です。家の完成後まもなく地震が起きて、家を構成する立方体が本物の超立方体のようにたたまれてしまい、最初に玄関から中へ入った3人は摩訶不思議な出来事を体験します。

　芸術家も作品の中で4Dのエッセンスを捉えようとしました。1936年の「次元主義者宣言」で、ハンガリーの詩人・芸術理論家のタムコー・シラトー・カーロイは、芸術の進化によって「文学は線を離れて面に至るだろう。（…）絵画は面を離れて空間に移るだろう。（…）彫刻は閉ざされて動かない形から外へ踏み出すだろう」と述べています。タムコー・シラトーは次に、「これまでまった

く芸術のなかった4次元の、芸術的征服」が起こるだろうとしています。また、画家サルバドール・ダリが1954年に描き上げた「磔刑（超立方体的人体）」は古典的なキリストの磔刑図と展開した正八胞体を組み合わせています。ダリが絵を描く際に数学面の助言をした幾何学者トマス・バンチョフは、2012年にダリ美術館で行った講演で、ダリがどのように「3次元世界のものを使って、それをその先へ持ち込もうとしたか」を語りました。「この絵がやっているのは、ふたつの視点――ふたつの重ねあわされた十字架――を同時に示すことでした」[注]。ダリは、19世紀の科学者が高次元の存在という観点から降霊術を合理的に説明しようとしたのと同様、宗教と物理的世界を結びつけるために4次元というアイディアを使ったのでした。

　21世紀の物理学者たちは、別の理由で高次元に関心を寄せています。それが「弦理論」（ひも理論ともいう）です。弦理論では電子やクォークなど原子より小さな亜原子粒子は点ではなく振動する1次元の「弦」として扱われます。弦理論の最も奇妙な面は、数学的整合性を得るためには私たちの生きている空間と時間の他にさらに別の次元が必要だということです。超弦理論（超ひも理論）と呼ばれる理論では全部で10の次元、超弦理論の延長上にあるM理論では11次元、ボゾン型の弦理論というさらに別の考え方では26次元が必要とされています。そこでは4次元以上の次元は「コンパクト化」されていると言われます。それらの次元は信じられないくらい小さなスケールでしか意味を持たないということです。もしかしたらいつの日か私たちはそれらの次元を増幅・展開する方法や、実際に観察する方法を発見するかもしれません。しかし今のところ（そして見通しの立つ範囲内の未来において）、私たちは自分の目に見えるおなじみの3次元空間から出られません。ですから、問題は次のように要約できます――4次元の物体が実際にどんなものかを、私たちの頭の中で視覚化する方

〈邦訳版注〉立方体（3次元立体）を展開すると正方形（2次元平面）が6つできるように、正八胞体（4次元超立体）を展開すると、立方体（3次元立体）が8つできます。ダリは、正八胞体の展開図（8個の立方体の組み合わせ）を描くことで、4次元世界（正八胞体）と3次元世界（立方体の組み合わせ）を同時に描こうとしたのでしょう。

法はないのでしょうか？

　私たちの視覚的経験は、光が両方の目に入り、網膜に当たり、2枚の平面画像を作ることで得られます。網膜の光受容細胞で発生した電気信号が脳の視覚野に伝わり、そこで本質的に2Dの情報に基づいて3Dの像が再構成されます。目がふたつあるため、少し違う角度からの2枚の画像が脳に届きます。私たちがまだ幼い頃に、脳はそれらを視点の違いとして受け取って3次元の眺めを組み立てることを学習します。しかし、片目を閉じたとたんに見ているものを2Dとして認識しはじめることはありません。片目で見ていても遠近の情報や光や影は脳に届き、像に脳内で奥行きを与えることを可能にします。そのうえ、人間は移動したり首を回したりして見る角度を変え、そこに聴覚や触覚といった他の感覚器からの情報も足して、3Dイメージを肉付けできます。私たちはこういう形で巧みに次元を追加しているので、テレビ画面の映像を見た時に、3Dテクノロジーの助けを借りなくても自動的に奥行きを把握します。

　問題は、「私たちが2Dの入力情報から3Dの像を作れるのなら、3Dの視覚情報の入力で頭の中に4次元のイメージを生み出すこともできるだろうか？」という点です。私たちの網膜は面ですが、エレクトロニクスの技術にはそんな限界はありません。十分な数のカメラその他の画像収集装置を異なる場所に設置して、好きなだけ多くの方向と視点から情報を集めることができます。けれどもそれだけでは4Dを見る土台づくりには不十分です。仮に本物の4次元存在が観察者として私たちの3次元世界を見るとすれば、その存在はものの表面と同時に内部もすべて見ることができるでしょう。ですから、たとえば金庫の中に貴重品をしまっておいても、4Dの存在は一瞥するだけで金庫の中も外もすべて見てしまいます（そして、その気になれば手を伸ばして中身を取り出すことだってできるでしょう）。これは、その存在に金庫の壁を透過するX線のような透視能力があるからではなく、ひとつ上の次元にアクセスできるからです。私たちも、2D世界の閉鎖空間の中をのぞきこめるという特権を持っています。紙の上に2次元の金庫にあたる正方形を描き、中には宝石の絵を描いてみましょう。2次元の表面に埋め込まれた平坦世界の住人には、金庫の外側——ただの線——しか見えません。一方私たちは、平坦人の住む世界である紙を上から見

下ろし、金庫の壁をあらわす線と中の貴重品すべてを一度に見ることができますし、手を伸ばして2Dの宝石の絵を取り出すこともできます。平坦人にしてみれば、私たちがどうやって金庫の中を見ているのか、金庫の壁にはまったく隙間がないのにどうやって中身を取り出したのか、まったくのミステリーでしょう。それと同じように、4Dの視点に立つ観察者には3Dの物体の中も外もあらゆる部分が見えるはずです。そう、家でも、機械でも、人体でも。

4D視力そのものではなく、4Dで見えるもののイリュージョンを作り出すひとつの方法として、多層構造の3D網膜を持つことが考えられます。それぞれの層が3D物体の異なる断面図を捉えます。この人工的網膜からの情報を人間の脳に直接入力して、全部の断面図に同時にアクセスできるようにするのです——本物の4Dの観察者がしているのとまったく同じように。その結果できあがるのは、本物の4D像ではなく、4D世界から3Dの物体を"見下ろす"ことができたなら得られるであろうものに似た何かになると考えられますが、とても有益な使いみちがあるかもしれません。必要な技術の一番目である3D網膜は、実質的にはすでに医療用のCTやMRI——人体の2D断面画像を多数組み合わせて立体的な像を作り出す技術——という形で存在しています。二番目の技術はまだ手の届かないところにあります。私たちにはそこまで進んだ脳‐コンピューターのインターフェースもなければ、観察対象を全視点から同時に見た像を脳が再構成できるように情報を視覚野に届けるための神経科学の知識もありません。しかし、「人類2.0」のあけぼのが訪れるのはほんの10年か20年先でしょう。未来学者のレイ・カーツワイルは、2030年代までに人類はナノボット（極小サイズの埋め込みマシン）で脳とクラウド型コンピューターネットワークを結び、脳を拡張することに成功するだろうと考えています。先端技術企業家イーロン・マスクは2017年に、大脳皮質へのチップ埋め込みによる脳とAIの融合を目指すニューラリンクというベンチャー企業を設立しました。

この技術の実現や脳とコンピューターの適切な接続に加えて、人間が3D網膜でものを見るためには、従来とまったく異なる新しいやり方で脳内に像を作り出す方法を、長いプロセスをかけて見つけ出さなければならないはずです。しかし、その方法が見つかれば、医学的診断、外科手術、科学研究、教育など

の分野にとってこのうえなく役に立つ可能性があります。

　人間が4次元でのものの見え方を経験できるようになるための最終段階はさらに困難で、シミュレーションを使わない限り実現できないと考えられます。なぜなら、4D物体は私たちの世界には物理的に存在しないからです。おそらく、正八胞体——ヒントンが使った物体——のコンピューターシミュレーションが一番シンプルな出発点でしょう。正八胞体の3Dモデルを見る時、私たちが目にしているのは実際の4次元図形の、ひとつの側面（つまり投影図）だけです。その図形を4Dとして把握するには、脳の視覚処理部分で、複数の投影図を同時にすべて切れ目なく組み合わせる必要があります。ここでもやはり、必要な技術と神経接続がすべて整っても、望む結果を得るまでには——実際の4Dの像が認識できるようになるには——トレーニング期間が必要なはずです。しかし、原理的にはこれが成功することを否定する材料はなにもありません。コンピューター技術の助けを借りて頭の中で4D図形の3D断面図多数を融合させることで、私たちは4Dではそれがどう見えるかを知ることができる——そう期待してよいでしょう。

　数学は、人間の想像力だけでは入っていけない奥底まで探求することを可能にしてくれます。数学は私たちを慣れ親しんだ3次元から外へ連れ出してくれ、おかげで私たちは4Dやそれ以上の高次元の物の性質を詳しく知ることができます。それによって、顕微鏡でも見えない微小レベルから宇宙レベルまでの世界を理解するために必要な科学を発展させることができます。そのうえ、私たちが3次元より上の次元を視覚化する手段の開発へ向けて、可能性の扉を開いてくれるのです。

偶然は魅力的
確率とランダムさの話

> 人生の大半は、純粋にランダムな偶然によって決まるように思う。
> ——シドニー・ポワチエ

この世界で起こることの多くは、まったく予測できないように見えます。私たちは「天の配剤」とか「悪いタイミングでまずい場所にいた」とか「まったくの幸運」などと言います。私たちのまわりで起こることの多くが、セレンディピティ〔予想もしなかった幸福や素晴らしい経験が偶然手に入ること〕や幸運や不運で決まっているように思われます。ところが、数学の恩恵によって手に入るツールを使うと、ランダムでしっちゃかめっちゃかに見えるものごとの中から、混乱と喧騒の霧を透かしてある種の秩序を見出すことができます。

1組のトランプをよくシャッフルして下さい。それだけで、あなたは前代未聞のことをなしとげた可能性が高いと言えます。世界の歴史上、あなたの手にしているカード1組とまったく同じ順番に並んだカードは一度も存在しなかったことがほぼ確実だからです。理由は簡単です。52枚の異なるカードで可能な並び方は、$52 \times 51 \times 50 \times 49 \times \cdots \cdots \times 3 \times 2 \times 1$通りです。全部で約$8 \times 10^{67}$通り、8000万×1兆×1兆×1兆×1兆×1兆通りのカードの並び方があることになります。今現在生きているすべての人が、宇宙の始まり以来ずっと毎秒1回カードをシャッフルし続けてきたとしても、3×10^{27}シャッフルにしかなりません。可能な並び方の総数と比べるとお話にならないくらい少ないですね。

けれども、新品のカードデッキを何回かシャッフルしたら最初とまったく同じ並びになったのを見たことがある、という人はいます。これは実は、$8 \times$

10^{67}分の1通りよりもずっと高い確率で起こりえます。最初に封を切った時の
カードは、ハート、クラブ、ダイヤ、スペード（必ずしもこの順でないかもしれま
せん）がそれぞれエース、2、3、…、ジャック、クイーン、キングの順番に並
んでいます。リフルシャッフル〔カードの山を2つに分け、カードの端同士を交互に
かみ合わせるシャッフル〕を完璧にこなせる熟練のディーラーなら、8回のシャッ
フルで元の並び順に戻せます[注]。

　ですから、カジノでは新品のカードを出してシャッフルする時、「ウォッ
シュ」と呼ばれる、まるで子どものようなやり方——カードをテーブルの上に
広げてでたらめに混ぜ合わせる方法——をよく行うのです。これと似たレベル
の無秩序な並びにするには、上手だけれど不完全なリフルシャッフルを最低で
も7回しなければなりません。そうすればかなりランダムな並びになります。
言い換えると、カードのなかのどれか1枚のカードを示し、公正な手段を使っ
て隣のカードが何かを当てられる確率は、51分の1に限りなく近くなります。
とはいえ、その1組のカードの並び順は本当にランダムでしょうか？　ランダ
ムさとは何でしょう？　何かが完全にランダムだということは、ありうるので
しょうか？

　ランダムさ、あるいは完全な予測不可能性という概念は、文明と同じくらい、
いや、おそらくもっとずっと古くからあったでしょう。私たちが「ランダムに」
結果が決まると言うとき、一番よく思い浮かべるのはコイントスやサイコロ振
りです。古代ギリシャでは、賭け事でアストラガロス（ヤギやヒツジの距骨）を
投げていました。やがて、形の整ったサイコロも使われるようになります。た
だ、サイコロの起源ははっきりわかっていません。5000年前の古代エジプト
人は「セネト」というゲームでサイコロを使っていたと考えられています。紀

〈邦訳版注〉1から6までの数字からなる6枚のカードで考えます。「123456」を2つの山
　「123」「456」に分け、シャッフルすると「142536」となります。これを2つの山「142」
　「536」に分け、シャッフルすると「154326」となります。これを2つの山「154」「326」に
　分け、シャッフルすると「135246」となります。さらに、これを2つの山「135」「246」
　に分け、シャッフルすると「123456」となって元に戻りました。6枚なら4回のシャッ
　フルで元の並び順に戻りますが、52枚なら8回のシャッフルで元の並び順に戻ります。

元前1500年頃のインドのヴェーダ経典のひとつ『リグ・ヴェーダ』にもサイコロについての記述がありますし、紀元前24世紀のメソポタミアの墓で、サイコロを使うゲームが発見されています。ギリシャの「テッセラ」というサイコロは、立方体で側面に1から6までの数字が書かれていました。しかし、対面の数を足すと必ず7になる現在のようなサイコロが登場したのは、ローマ時代になってからです。

動物の脚の骨。ナックルボーンズ〔1個を投げ上げて落ちてきたのを受け止めるまでに、場に置かれている骨を取るといった遊び方をするゲーム〕などで使われます。

数学者がランダムさに注目するまでには長い年月がかかりました。数学者が目を向けるまで、ランダムさは主に宗教の領域だと考えられていました。東洋哲学でも西洋哲学でも、さまざまな出来事の結果は神かそれに類する超自然的な力のはたらきによるとされていたのです。中国では、六十四卦の解釈を基本とする占術体系の「易経」が生まれました。キリスト教徒の一部は、もっと単純に、聖書にはさんだ藁を引き抜くくじ引きで決定を下しました。こうした昔の信仰は魅力的ではありますが、ランダムさを理解しようとする合理的な試みを甚だしく遅れさせるという残念な影響を後世に与えました。なにしろ、偶然性が結局は人智を越えたレベルで決まるなら、あるものごとがある形で起こるのはなぜかをわざわざ論理的に分析する必要はありませんし、結果の確率を支配する自然の法則があるかどうか解明しようと試みるのも無駄なことです。

古代ギリシャやローマ時代にアストラガロスやさいころを使っていた人たちが、特定の結果が出る見込みについて、ある程度の直観的な感覚さえ持たなかったとは考えられません。通常、金銭やその他の物質的利益がかかわる場面

では、ギャンブラーや利害関係者は自分たちがどういうゲームをしているのか
を細部までたちまち理解します。ですから、勝ち目がどのくらいかという直観
的な判断は何千年も前からあったことでしょう。しかし、ランダムさと確率の
学問的研究の開始は、後期ルネサンスが終わる17世紀まで待たねばなりませ
んでした。当時、先頭に立って道を切り拓いたのはフランスの数学者・哲学者
で熱心なジャンセニスト〔オランダの神学者ヤンセンが唱えた革新的なキリスト教思
想の信奉者〕でもあったブレーズ・パスカルと、同じくフランス人の数学者ピ
エール・ド・フェルマーでした。彼らは、単純化すると次のように要約される
問題に取り組みます――「2人の人間が、『先に3ポイント取った方がお金の
入った壺を手に入れられる』というルールで、コイントスのゲームをする。片
方が2対1とリードしたところでゲームが中止になった。さて、この時点で壺
を渡すとしたら、最もフェアな配分は何だろうか？」 パスカルとフェルマー
以前にもこれについて考えた人々がいて、多様な解決案を出していました。
ゲームが途中で終わってしまい、最終的な結果は知りようがないので、壺の中
のお金は半々に分けるべきかもしれません。しかし、それは2ポイントを取っ
てリードし、有利な立場にいる人に不公平に見えます。一方、リードしている
人に全部のお金を渡せばいいという意見もありますが、こちらは1ポイント
取っている人に不公平だと感じられます。ゲームを続ければこの人が勝つ可能
性もあるからです。第三の選択肢として、獲得ポイントに応じてお金を分ける
方法もありえます。2ポイントの人が3分の2、もうひとりが3分の1を得るの
です。表面上は公平に見えますが、ひとつ問題があります。ゲームが中止に
なった時のポイントが1対0だったとしてみましょう。その場合に同じルール
を適用すると、1ポイント持っている人が全部を取り、もし最後までプレーす
れば勝てたかもしれないもうひとりは、取り分がゼロです。

　パスカルとフェルマーはもっと良い解決策を発見し、それと同時に数学の新
しい分野を開拓しました。彼らはそれぞれのプレーヤーが勝つ確率を計算した
のです。1ポイントの人が勝つには、あと2ポイントを連取しなければなりま
せん。その確率は $\frac{1}{2} \times \frac{1}{2}$、つまり $\frac{1}{4}$ です。従って、この人には壺のお金の4
分の1を渡し、残りはもうひとりのものになります。これと同じタイプであれ

ばどんな問題にもこの方法をあてはめることができます。ただし、当然ながら、計算はもっと複雑になるでしょう。

　この問題を研究する中で、パスカルとフェルマーは「期待値」として知られる概念を見出しました。賭け事や、それ以外でも偶然が関係するあらゆる状況において、期待値とは合理的に考えてあなたが得ると期待できるものの平均値です。たとえば、サイコロを振って3の目が出たら6ポンドのお金を獲得するゲームをしているとしましょう。このゲームの期待値は1ポンドです。なぜなら、3が出る確率は6回に1回で、その確率を賞金に掛けると1ポンドになるからです。このゲームを何回もプレーすると、毎回平均1ポンドが稼げます。仮に1000回プレーしたとすれば、獲得金額は平均1000ポンド。1回のゲーム料が1ポンドだったとすれば損も得もせずに終わることでしょう。注意してほしいのは、期待値は1ポンドでも、このゲームを1回プレーして1ポンドが手に入ることは決してない点です。必ずしも1回のゲームで期待値と同じ結果を手にできるわけではありません。けれども、繰り返しプレーするのであれば、期待値はあなたが獲得を期待できる金額の平均値になります。

　宝くじは一般に期待値がマイナスです。ですから、合理的な視点に立てば、宝くじを買うのはあまりよい考えではありません（くじの種類によっては、一定のキャリーオーバーがあると期待値がプラスになることもあります）。同じことはカジノにも言えます。理由は明らかです。カジノは利益を上げることを目的としたビジネスだからです。ただ、たまに、ちょっとした計算ミスでこの大前提が崩れることもありえます。一例を挙げると、あるカジノがブラックジャックの配当に関するルールをたったひとつ変更して、たまたま期待値をプラスにしてしまい、プレイヤー側がカジノ側より有利になったことがあります。数時間のうちにカジノはかなりの損失をこうむりました。カジノの経営は、数学と確率論の詳しい知識の上に成り立っているのです。

　時には、ありえなさそうな偶然が起きて、何かおかしなことが起きているのではとと思えることがあります。誰かが2度も宝くじの高額当籤を引き当てたり、違うくじでまったく同じ番号を引いたりといった場合です。そういう話にはメディアが飛びついて、およそ起こりえない偶然のように大きく取り上げます。

しかし実はこれにも仕掛けはあります。私たちの大部分はそういう出来事の起こりやすさを割り出すのが得意ではありません。なぜかというと、ある種の思い違いがあるからです。宝くじで高額を2度当てた人の例を考えてみましょう。人は自然に、問題を自分に当てはめて考えます——「私が宝くじで2回大当たりするチャンスはどのくらいあるだろう？」もちろん、答えは「お話にならないくらい小さい」です。ところが、2回当たるような人たちは長年にわたって毎回宝くじを買い続けていることが多いので、その長い期間の中で2回当たってもそれほどおかしくはありません。さらに重要なのは、そのくじを買う人数がどれくらいいるかも考えねばならないという点です。ほとんどの人は、2回どころか1回だって大当たりを引くことはありません。けれども、くじを買う人数が少なければ、どこかで誰かが2回当籤しても驚きはずっと小さくなります。

　そんなのは直観に反すると思われるかもしれませんが、それは人が自分自身の視点から考えがちだからです。もちろん、あなたが大当たりを2回引く可能性は極めて低いでしょう。けれども、「誰かが」2回大当たりする確率を考える時には、くじの参加者数（多ければそれだけ勝ち目が減る）と、2回高額当籤するしかたが何通りあるか（おおむね、くじを買う回数の2乗の半分）を考慮する必要があります。これを考え合わせると、誰かがどこかで2回大当たりする可能性はずっと現実味を帯びてきます。

　ある出来事について「起こりうるすべての場合を考える」のを怠った結果として生じる確率についてのこうした思い違いは、いわゆる「誕生日パラドックス」の根底にも存在します。「誕生日パラドックス」（実際はパラドックスでもなんでもない）は、クラスの人数が23人ならば、そのうち少なくとも2人が同じ誕生日である確率は50％より高いというものです。もっと確率が低くないとおかしいと感じる人は多いでしょう。たった23人のクラスで同じ誕生日を見つけられるなら、誰でも自分と誕生日が同じ人に何度も会っているはずだが、そんなことはない、と反論したくなるかもしれません。しかし、誕生日パラドックスは、クラスの特定の誰か（たとえばあなた）が、同じクラスで同じ誕生日の人を見つけられる確率を問題にしているのではありません。クラスの誰かと別の誰かが同じ誕生日だという話です。言い換えれば、特定の誕生日を共有する

2人ではなく、可能なあらゆる組み合わせの中でいずれかの2人が同じ誕生日だという場合を言っているのです。この確率は、$1 - \left(\frac{365}{365} \times \frac{364}{365} \times \frac{363}{365} \times \cdots \times \frac{343}{365} \right) = 0.507$ で50.7%です[注]。クラスが60人なら、同じ誕生日が少なくとも2人いる確率は99%以上になります。それに対して、あなたが自分と同じ誕生日の人に50%の確率で会いたければ、人数は253人必要です。

　これを直観に反していると感じるひとつの理由は、私たちが2つの別々の質問を一緒にしてしまいがちだからです。多くの人は誕生日まで知っている知り合いが253人もいないため、たまたま自分と同じ誕生日の他人に出会うことはまずないと思ってしまうのですが、これは「他の誰かと別の誰かが同じ誕生日であることはめったにない」という意味ではありません。

　直観と違っているように見えるのは確率の考え方だけでなく、ランダムさもやはり直観に反していると感じられることがあります。下にHとTが並んだ2つの文字列があります。どちらがよりランダムに見えますか？

H, T, H, H, T, H, T, T, H, H, T, T, H, T, H, T, T, H, H, T

T, H, T, H, T, T, H, T, T, T, H, T, T, T, T, H, H, T, H, T

　多くの人は、上の方がランダムだ、なぜならHとTがわかりやすいパターンなしで並んでいるから、と答えたい誘惑に駆られます。下の文字列は、Tがアンバランスに多いし、同じ文字が長く並んでいるところがあります。しかし実は、著者の片方（アグニージョ）が乱数生成器を使って作ったのが下の文字列で、上の文字列は、HとTのランダムな文字列を書いて下さいと言われた人が作りそうな順番を彼が慎重に考え抜いて作ったものです。人間は同じ文字がずっと続くのを避け、文字のバランスを考え、実際のランダム生成よりも頻繁にHとTを切り換えたがります。

　では、次の文字列はどうでしょう？

H, T, H, H, H, T, T, H, H, H, T, H, H, H, H, T, H, T, T, T

　ランダムに見えるかもしれません。人間が作る文字列かどうかを判定する統計的手法では、人間が作ったものではないという結論になるでしょう。タネをあかせば、これは円周率πを十進法であらわし、その小数点以下について、奇数をH、偶数をTに置き換えて作りました。ということは、円周率の小数点以下はランダムなのでしょうか？　専門的に言えば答えはノーです。なぜなら、小数第1位は必ず1で、第2位は必ず4、その次は必ず1、以下、何回計算しても同じ数字が並ぶからです。何かが決まっていて、いつ見ても同じ結果が出るのなら、それはランダムではありえません。しかし数学者は、十進法のπの小数点以下の数字の並びは、均一な分布になっているという意味では統計学的にランダムと言えないだろうか、と考えます。すべての桁において数字の出現に偏りがなく、隣り合う数字2個のペアも、3個の数字のかたまりも、4個も（以下同じ）、出現に片寄りがありません。だとすれば、πは「十進正規数」になります〔十進正規数とは、十進法であらわされた無限小数のうち、0.101010… のようなパターンを持たず、小数点以下のどの数字も偏りなく同じ頻度で出現する数です〕。数学者の大部分はπが十進正規数だと見ています。また、πは「絶対正規」——十

──────────

〈邦訳版注〉この式において、括弧の中は、「クラス全員の誕生日がすべて異なる」確率です。それを1から引くと、「『クラス全員の誕生日がすべて異なる』ことはない」確率、つまり「クラス全員のうち少なくとも2人の誕生日は同じである」確率が得られます。

　括弧の中ですが、たとえばAさんの誕生日が1月1日（何月何日でもかまいません）であるとして、Bさんの誕生日がAさんの誕生日と異なる確率は、1年の中から1月1日以外の364日のうちのいつかであればよいので、$\frac{364}{365}$となります。次にCさんの誕生日がAさん、Bさんの誕生日と異なる確率は、残りの363日のうちのいつかであればよいので、$\frac{363}{365}$となります。クラス23人のうち最後の1人の誕生日がAさん、Bさん、Cさん…などの誕生日と異なる確率は、自分以外の22人の誕生日を除く（365 − 22 ＝）343日のうちのいつかであればよいので、$\frac{343}{365}$となります。これらすべてをかけあわせると「クラス全員の誕生日がすべて異なる」確率が得られます。これを1から引くわけです。

　括弧の中の$\frac{365}{365}$がわかりにくいかもしれません。これは1なので無視してもかまいませんが、意味するところは、Aさんが自分の誕生日を選ぶ確率です。365日の中から選べばいいので$\frac{365}{365}$となります。

　誰もが決まった自分の誕生日をすでに持っているので、適当に選べるというのはおかしな感じがします。しかし、自分が過去の特定の日に生まれることと、今、自分が自分の誕生日を適当に選ぶことを数学は区別しません。

進法で書いた時の π の数字の並びが統計的にランダムであるだけでなく、二進法（0 と 1 だけで表示）でも三進法（0, 1, 2 で表示）でもその他の進法でもランダムである——だとも考えられています。無理数はほぼすべてが絶対正規数であることが証明されていますが、ある具体的な数字の並びが正規数かどうか証明するのは非常に困難です。

　十進正規数のうち、最もよく知られている正規数はチャンパーノウン定数です。イギリスの経済学者・数学者のデイヴィッド・チャンパーノウンが、まだケンブリッジ大学の学生だった時にその重要性について論文を書いたことにちなんで名づけられました。チャンパーノウンは、正規数が存在可能であり、かつ実際に存在すること、そして正規数を作るのがいかに容易であるかを示すためにこの数を作りました。チャンパーノウン定数は 0.1234567891011121314… で、単に自然数を順番に並べただけですから、すべての数字の連なりを均等な割合で含んでいます。小数第 1 位は 1 で、小数第 1 位と 2 位のペアは 12、以下同様です。チャンパーノウン定数が十進正規数であるのは確かですが、これをランダムな数字の並びと言うには無理があります。ランダムに見えるためには、認識可能なパターン、つまり予測可能性がないことが必要ですが、この数字は——特に最初の部分は——そうなっていません。また、チャンパーノウン定数は、10 が基でない場合（十進法以外の記数法）でも正規数なのかどうかはわかっていません。他にも正規数と証明された定数はありますが、チャンパーノウンが自身の定数を発見した時と同様に、人工的に正規数となるように作られたものです。π はまだ、いずれの基数についても正規数だと証明されていません。まして、絶対正規数かどうかなど、誰も確実には言えません。

　本書執筆の時点では、π は小数点以下 22,459,157,718,361 桁、つまりおよそ 22 兆桁まで判明しています〔2019 年 3 月に 31 兆 4000 億桁余りまで判明しました〕。もちろん、将来はもっと先の桁まで算出されるでしょうが、現在知られている部分の数字は、今後何度コンピューターを走らせても変わることはありません。わかっている範囲の π は数学世界の揺るぎない現実ですから、ランダムではありえません。では、これまでに計算された範囲より先の桁はどうでしょう？　十進法の π が正規数だと仮定すると、未知の部分の数字は、本質的に私

たちにとっては統計学的にランダムな状態です。言い換えれば、もし誰かに1000桁のランダムな数字の並びを示せと言われたら、πを今わかっているよりも1000桁先まで計算できるコンピューターを作って、その新たな1000桁をランダムな数字の連なりとして使うと答えればよいでしょう。さらにもうひとつ1000桁のランダムな数字の並びを求められたら、πのそのまた先の（その時点では未知の）1000桁を計算した時の数字、と言えばよいのです。こ

$$3.14159265358979323\\846264338327950288\\8419716939937510582\\0974\ldots\ldots\ldots\ldots40\\628\ldots\ldots\ldots\ldots\ldots\ldots48\\25342\ldots067\ldots214808\\651328\ldots066\ldots709384\\46095\ldots582\ldots172535\\9408\ldots4811\ldots502841\\027\ldots852\ldots\ldots64\\462\ldots8954\ldots\ldots196\\4428810975665933444\\6128475648233\ 78678\\3165271201909145648 5$$

πの最初の数百桁。

こから、数学的なものごとの性質に関する興味深い哲学的疑問がわいてきます？ πの小数点以下でまだ未解明の部分はいったいどの桁までがリアルといえるのでしょう？ πの、たとえば小数点以下「1兆の1兆倍（1秭）桁目の数字を考えて下さい。たとえどんな数字かわからないとしても、それが存在しないとか、特定の値を持たない、とは言いがたいでしょう。しかし、今後行われる気が遠くなるほど長い計算の末についにその数字がコンピューターのメモリの中に飛び出してくるまでの間、それはいったいどのような意味または形で存在しているのでしょう？

　面白い挿話として、デイヴィッド・ベイリー、ピーター・ボーワイン、シモン・プルーフの1996年の発見についてお話ししましょう。彼らは、円周率の任意の桁の数字を、それより前の数字をまったく知らなくても計算で求められる簡単な公式——無限級数の和——を見つけたのです。（正確に言うと、ベイリー・ボーワイン・プルーフの公式《BBP公式》では十進法ではなく十六進法の数として算出されます。）初めて聞くとありえないと思うでしょうし、実際、他の数学者たちも驚きました。さらに、この方法でたとえばπの小数10億桁目を計算するのは普通のノートパソコンで可能で、所要時間はレストランで食事をとる時

間より短いのです。BBP公式のバリエーションは、π以外でも、小数点以下に繰り返しがなくて無限に続く無理数にも使うことができます。

　純粋数学において真にランダムなものがあるかというのは、正当な疑問です。ランダムさとは、パターンや予測可能性がまったくないということです。何かが予測不能であるというのは、それが知られておらず、かつ、ある結果が別の結果より出てきやすい根拠がないということです。数学は、本質的に時間の外に存在しています——つまり、ある瞬間から次の瞬間に移るにしたがって変化したり進化したりすることはありません。変化するのは、私たちの数学知識の方だけです。一方、物理世界は連続的に変化しており、その変化はしばしば、一見すると予測不可能に見えます。コイントスの結果はほぼ予測不能だと考えられているため、一般に、2つしか選択肢がない場合にどちらかに決める適切な方法だとみなされています。しかし、コイントスの結果がランダムかどうかは、利用できる情報によって変わります。もしも、任意のトスの際にそのコインを投げ上げる正確な力と角度、コインの回転率、空気抵抗などなどがわかっていたら、（理論的には）どちらの面を上にして着地するかを正確に予測できるでしょう。同じことはバターを塗ったトーストを落とす時についても言えますが、こちらでは、バターが塗ってある側が下になる確率が半分以上であるという、悲観論者の見方を裏付ける証拠が存在します。実験の結果、トーストを空中高く放り上げたなら——実験室かフードファイトでもなければあまり起こらない状況ですが——、バターの側を下にして落ちる確率は50％だとわかりました。しかし、トーストが食卓やキッチンのカウンターから落ちる、あるいは皿から滑り落ちる場合には、バターの側が下になる確率が高くなります。理由は簡単です。一般的な状況でトーストが落ちる高さは、ウエストの位置から上下30 cmくらいの範囲内で、この高さだと床に落ちるまでにちょうど半回転します。普通は落ちる前にはバターの面を上にして置かれているため、落ちた時にはバターが床につくことの方が多くなります。

　大部分の物理的な系は、トーストの落下よりもずっと複雑です。そのうえ一部の系はカオス的な性質を持つので、出発点の状況の変化や乱れがその後の展開に大きく影響し、状況をより複雑化させます。天気もそんな系のひとつです。

偶然は魅力的

ハリケーン・フェリックス。2007年9月3日に国際宇宙ステーション
から撮影された画像。

今のような気象予報がなかった時代には、明日の天気の予測は極めて困難でした。気象衛星、地上の正確な観測機器、高速コンピューターが天気予報の精度を飛躍的に上げ、1週間から10日程度先の予報まで可能になりました。しかしそれ以上先の予想は、たとえ最先端技術を使っても、カオスと複雑性の組み合わさった迷宮に入り込んでしまいます（そこには、バタフライ効果と呼ばれる、チョウの羽ばたきで起きたわずかな空気の動きが増幅されて最後にはハリケーンになるという表現に象徴される現象も含まれます）。

　こうした複雑性をすべて織り込んでも、コイントスであれ世界の気象であれ、どんな現象にも根底では同じ自然の法則が働いていて、それらの法則が結果を決定するように見えてしまいます。ですからかつては、宇宙は巨大な時計じかけの装置に似ていて、途方もなく複雑で巧妙に作られているけれども最終的には予測可能だと信じられていました。しかしこの主張には2つの反論があります。最初の反論は、またも複雑性です。一連の出来事によって結果が決まり、それぞれの出来事はそれに先立つ状態を正確に知っていれば予測が可能であるという決定論的な系の中でも、問題の全体は極めて複雑なので、実際に何が起こるかが事前にわかる近道はありません。そうした系での最良のシミュレーション（たとえばコンピューターによる計算）でさえも、現象そのものと必ず

しも一致するとは限りません。これは多くの物理的な系にあてはまりますが、セル・オートマトンのように純粋な数学的系についても言えることです^(注)。セル・オートマトンの代表例に、ジョン・コンウェイの「ライフゲーム」があります（ライフゲームは第5章でもっと詳しく取り上げます）。

　ライフゲームの任意のパターンがどのように変化していくかは、あらかじめ決められたルールに従うので、完全に決定論的ですが、予測不可能です。結果が判明するのは、途中のすべてのステップが計算された後です。（もちろん、振り子の往復のように何度も同じことを繰り返すパターンや、一定のステップを経た後は変化しない場合は、その挙動を知ってしまえば予測できます。しかしそれらも、初めて出てきた時には、どういう挙動をするか私たちにはわかりません。）数学では、ランダムでなくとも予測不能なものがありえます。とはいえ、19世紀から20世紀へと変わる頃までは、大部分の物理学者が「たとえ物理宇宙で何が起こっているかを細部まで知らずとも、原則的にわれわれは自分たちの知りたいことは知ることができる」と信じていました。だとすれば、十分な情報を持っていれば、ニュートンとマクスウェルの方程式で事態がどう展開していくかを思い通りの正確さで予測することができるはずです。ところが、量子力学のあけぼのがこうした考え方を吹っ飛ばしてしまいました。

　量子力学により、量子の領域は不確定性であり、原子よりも微小な亜原子世界ではランダムさが避けがたい事実であるということが明らかになりました。この気まぐれを何よりもよく物語るのが、放射性物質の壊変です。たしかに、放射性物質の半減期——あるサンプルの放射性同位体の半分が壊変して別の核種になるまでの平均時間——は観察によっても明らかにできますが、それは統計的な尺度です。たとえばラジウム226の半減期は1620年ですから、1gのラジウム226は1620年後には0.5gに減り、減ったぶんは気体のラドンを経て何段階か壊変を重ね、最終的に鉛になります。しかし、1gのラジウム226の中

〈邦訳版注〉セル・オートマトンとは、格子状に並んだ無数のセルが、隣接するセルの状態に応じ、あらかじめ設定したルールに基づいてそれぞれのセルの状態を変えるゲームです。ルールは単純でも非常に複雑なパターンが形成されます。

の特定の1個のラジウム原子核だけに注目すると、その原子核が次の1秒間に壊変する370億個のひとつなのか、それとも5000年先までのどこかで壊変するのか、知ることは不可能です。私たちに言えるのは、今後1620年間にその原子核が壊変する確率が——コイントスの表裏と同様に——2分の1だということだけです。この予測不可能性は、測定装置や計算機の性能不足とはまったく関係ありません。これくらい微小なレベルの構造になると、ランダムさは現実の仕組みの中に分かちがたく備わっています。その結果、その小さなランダムさが現象に影響し、もっと大きなスケールでランダムさが発生します。バタフライ効果の極端なケースで、たとえば1個のラジウム原子の壊変が将来の広域的な気象に影響するかもしれません。

　量子のランダムさは、今では定説になっていると言ってよいでしょう。しかし、物理学者の中には、宇宙が神の振るサイコロで決まるという考え方に承服しかねる人たちがいました（アインシュタインもそのひとりでした）。量子正統派に反対する彼らは、超微小なレベルで一見するとドン・キホーテのように想定外の挙動をするものにも「隠れた変数」——粒子の壊変やその種の現象を決定する要因——があり、私たちがそれらの変数を知り、測定できるようになりさえすればいいのだ、という考え方を支持しました。もし「隠れた変数」理論が正しいと判明したら、この宇宙はふたたびランダムではないものに戻り、真のランダムさはある種の数学的理想の中だけに存在することになるでしょう。しかし今のところあらゆる証拠が、量子の不確定性に関してはアインシュタインが間違っていたことを示しています。

　微小なものたちの「鏡の国」〔『鏡の国のアリス』でアリスが迷い込んだような奇妙な世界〕では、なにひとつ確実なものはないように見えます。小さな粒子だと思っていたもの（電子その他）は溶けて波になり、それどころか物質的な波でなく可能性の波になってしまいます。電子はここにあるとかあそこにあるとは言うことができず、「あそこらへんよりもこのへんにある可能性の方が高い」という言い方しかできません。電子の動きと位置は波動関数という数学的構造に支配されています。

　私たちの手に残るのは確率だけです。その確率ですら、はっきり突き止める

のは容易ではありません。この点についてはさまざまな考え方が唱えられています。最もよく見かけるのは「頻度主義者」的な視点です。そこでは、ある事象が起きる確率の値は、何回やったうちの何回その事象が起きるかという割合の極限値——近づいていく値——です。ある事象の確率を見つけるため、頻度主義者は何度も実験を繰り返して、その事象がどれくらいの頻度で起きるかを調べます。たとえば、とある事象が実験した回数の70%で起きたら、確率は70%になります。理想的な "数学的コイン" を投げれば、回数を重ねるほど表が出る比率が $\frac{1}{2}$ に近づいていきますから、表が上になる確率は正確に $\frac{1}{2}$ です。しかし、現実の物理的コインは、ぴったり $\frac{1}{2}$ の確率で表が上にはなりません。それにはいくつかの要因がかかわっています。投げ上げる時の空気力学、ほとんどのコインは表側の方が裏側より質量が大きいという事実などが、わずかに結果をゆがめます。また、投げる前にどちらが上を向いているかも結果に影響します。トスの前に上を向いていた面が上になって落ちる確率はおよそ51%です。なぜなら、一般的なトスでは、空中でコインが偶数回反転することの方がわずかに多いからです。しかし、理想的な数学的コインではそうした要因は無視できます。

　頻度主義的アプローチは、言ってみれば、何かが次に起こる可能性は長期的にそれが起きる確率と等しいという考え方です。しかし、時にはその方法では意味をなさないこともあります（たとえば、1度しか起きない事象の場合などがそうです）。頻度主義とは別の考え方として、18世紀のイギリスの統計学者トマス・ベイズにちなんで名づけられたベイズ法があります。ベイズ法では、確率計算の基礎を、私たちが特定の結果に対してどれだけ確信を持っているかに置きます。従って、確率を主観的なものと捉えています。たとえば、天気予報が「降雨確率は70%」と言ったなら、それは予報士が「雨が降ること」に70%の確信を持っているという意味です。頻度主義とベイズ主義の確率の主な違いは、コインは何度も繰り返し投げて結果を調べることができるのに対し、気象予報士が同じ天気を「繰り返し起こしてみる」ことはできない点です。彼らに必要なのは、何度も試して算出した平均値ではなく、特定の場合の雨の確率です。彼らは過去の類似の気象条件の場合はどうだったかという膨大なデータを利用で

きますが、そのどれも、予報しようとする時点の条件と完全に同一ではありません。そのため彼らは、頻度主義ではなくベイズの確率を使わざるをえません。

　ベイズ主義と頻度主義というふたつの視点の特に興味深い違いは、数学の概念に両者を適用した時に現れます。「πの小数点以下1秭（1兆の1兆倍）桁目の数字（現在まだわかっていません）が5かそうでないか」という問題を考えてみて下さい。あらかじめ答えを知る方法はありませんが、ひとたび答えが出たら、それはもう変わらないことを私たちは知っています。πの計算を何度繰り返しても、最初の結果と違う答えが出ることはありません。従って、頻度主義者の視点から見れば、1秭桁目が5である確率は1（確実）か0（ありえない）です。言い換えれば、5か、5ではないかのどちらかです。一方、πが正規数だと証明されたと仮定すると、πを構成する無限の数字の並びの中ではどの数字も同じ密度であると確信できます。ベイズ法では1秭桁目が5であることについての確信レベルが問題とされるので、確率は10分の1、つまり0.1になります（πが正規数なら、0から9までのどの数字も、等しく「ありうる答え」だからです）。ところが、仮に1秭桁目まで計算されて答えがわかったあかつきには、確率は間違いなく1か0かに決まります。実際のπの1秭桁目は何も変わらないのに、私たちがより多くの情報を手にしたまさにそれゆえに、1秭桁目が5である確率は変化するのです。ベイズ法の視点では、情報が決定的に重要です。情報がたくさんあるほど、確率を見直してより正確にすることに役立ちます。実際、完全な情報（たとえば、πのある桁の正確な計算結果）さえ手に入れば、頻度主義でもベイズ主義でも確率は同じになります——πの既に判明している桁の計算をもう一度行う時には、もう答えはわかっているからです。ある物理的な系（ラジウムの壊変のような一定のランダムさをも含む）について細部まですべてを知っていれば、正確な実験を繰り返す頻度主義の方法で、ベイズ法とまったく同じ確率をはじき出すことができます。

　ベイズ主義のアプローチは主観的なように見えますが、抽象的な意味では厳密に正確にすることができます。たとえば、投げた結果に偏りが出るコインを持っていると想像して下さい。このコインの偏りは、表が出る確率が0%から100%の間のどれかで、どの値も同じくらい確からしいことがわかっていると

します。さて、これを1回投げたところ、表が出ました。ベイズ法の確率を用いた場合には次のトスで表が出る確率は$\frac{2}{3}$になると証明できます[注]。しかし、1回目で表が出る確率は$\frac{1}{2}$でした。私たちは実際に表が出たことを知っているので、コインの交換はしませんでした。ベイズ主義では、最初に表が出ても2回目に表が出る確率には影響がないが、コインに関する情報を与えてくれるので予測の精度を上げることができます。裏がとても出やすいコインだったら投げた時に表が出ることはあまりないですし、表がとても出やすいコインなら、表が出る可能性がずっと高いと考えられます。

　ベイズ主義のアプローチは、1940年代にドイツの論理学者カール・ヘンペルが指摘したあるパラドックスを避けるためにも有効です。たとえば重力の法則のように同じ原理が長期にわたってぶれることなく働いているのを目にしている場合、人々はごく自然に、その原理は高い確率で真であると考えます。これを帰納法といい、足し算のように積み重ねることができます。つまり、観察された事象が理論に合致していれば、その理論が正しい確率が高まります。しかし、ヘンペルはカラスを例にとって帰納法の問題点を指摘しました。

　「すべてのカラスは黒い」という理論について考えます。目にするカラスがどれも黒く、他の色のカラスに出会わなければ——アルビノのカラスがいるという事実はこの際無視します——、「すべてのカラスは黒い」という理論に対する私たちの確信は強化されます。ここで軋轢（あつれき）が生じます。「すべてのカラスは黒い」は論理的には「すべての黒くないものはカラスではない」と同値です。ということは、私たちが黄色いバナナ（黒くなく、カラスでもない）を見れば、「すべてのカラスは黒い」という信念が強まらねばならなくなります。直観に大き

〈邦訳版注〉2回コイントスをする場合、「表が2回」「裏が2回」「表と裏が1回ずつ」の3パターンあります。どのパターンになるかは等しいのでそれぞれ$\frac{1}{3}$の確率です。さて、今、1回目に表が出ていることは知っているので、「表が2回」のパターンの場合1回目に表が出る確率は当たり前ですが1、「裏が2回」のパターンの場合1回目に表が出る確率は、これも当たり前ですが0、「表と裏が1回ずつ」のパターンの場合1回目に表が出る確率は$\frac{1}{2}$となります。それぞれのパターンが出る確率は$\frac{1}{3}$なので、$1 \times \frac{1}{3} + 0 \times \frac{1}{3} + \frac{1}{2} \times \frac{1}{3} = \frac{1}{2}$ が分母を表します。分子は、「1回目に表が出る確率1」×「表が2回のパターンが選ばれる確率」$\frac{1}{3} = \frac{1}{3}$ となります。分子/分母 $= \frac{2}{3}$ となります。

く反するこの結果について、一部の哲学者は、議論の両面を同じ強さで扱うべきではないと論じてきました。言い換えると、黄色いバナナは「すべての黒くないものはカラスではない」（第1の命題）を信じる気持ちをより強化するが、「すべてのカラスは黒い」（第2の命題）を信じる気持ちには影響しない、ということです。これは常識に合っているように見えます。バナナはカラスではありませんから、バナナを見ても、カラスでないものについての知識が増えるだけで、カラスに関しては何の影響も与えません。ところがこの考え方に対して、「両方の命題がともに真か、またはともに偽であることが明らかな場合、論理的に同値の命題に対して程度の異なる信頼性を持つことはできない」という見地からの批判が投げかけられてきました。この問題に関しては私たちの直観が間違いで、黄色いバナナを見ることですべてのカラスが黒い確率は実際に強化されるべきなのかもしれません。しかし、ベイズ主義の立場を取れば、このパラドックスは決して生じません。ベイズによれば、仮説Hの確率は、次の比率で増加しなければなりません。

$$\frac{H \text{が真ならば} X \text{が観察される確率}}{X \text{が観察される確率}}$$

　ここにおいて、Xはカラスではなく黒くないもの、Hはすべてのカラスは黒いという仮説です。

　仮に、あなたが誰かに「ランダムにバナナを選んで見せて下さい」と頼んだとします。相手が黄色いバナナを出してくる確率がカラスの色に左右されることはありません。あなたは最初から、出されるのがカラスではないことを知っています。上で示した分数の分子（線の上にくる数字）は、分母（線の下の数字）と等しく、この分数はイコール1になり、確率は変化しません。あなたが黄色いバナナを目にすることは、すべてのカラスは黒いかどうかについてのあなたの確信には影響しません。次に、誰かに「ランダムに、何か黒くないものを選んで見せて下さい」と頼んで、相手が黄色いバナナを出してきたとします。すると、分子が分母よりわずかに大きくなります。黄色いバナナを見ることは、す

べてのカラスは黒いと信じるあなたの気持ちをほんのわずかだけ強化すること
になります。「すべてのカラスは黒い」と信じる気持ちを大幅に引き上げるに
は、この世界のほとんどあらゆる「黒くないもの」を見て、それらが全部カラ
スではないことを理解する必要があるでしょう。このどちらの場合も、結果は
直観と合致します。

　情報がランダムさと結びつくのは奇妙に感じるかもしれませんが、実際にこ
のふたつは密接に関係しています。1と0だけで作られた数字の並びを想像し
て下さい。1111111111は完璧に秩序だっていて、そのため、ほとんど何も情
報を含んでいません（「1を10回繰り返す」だけです）。ちょうど、まっさらなキャ
ンバス——どこもかしこも白くて、ほとんど何も伝えていない——のようで
す。それに対し、ランダムに生成された0001100110という並びは、この長さ
で伝えられる最大量の情報を含んでいます。その理由は、0001100110という
数字の並びを圧縮できないからです。実際、情報量はどれだけ圧縮可能かを尺
度に数値化されます。真にランダムな数字の並びは、含まれる情報をすべて維
持したまま、それより短い表現で書くことができません。ところが、1だけが
ずらっと並んだ列の場合は、そこに含まれる1の数を記せば大幅に圧縮可能
です。秩序の乱れと情報量は深く関係しています。数字の並びの秩序が乱れてラ
ンダムであればあるほど、そこに含まれる情報は多くなります。

　別の考え方をすると、ランダムな数字の並びは、その後に続く数字も可能な
限り最大量の情報を含んでいることを示しています。それに対して、
1111111111という並びは、次に何が来るかが自明です。（ただしこれは、この数
字の並びが別のもっと長い数字の並びの一部分を切り取ったものではなく、それ自体と
して存在している場合にのみあてはまります。任意の長さのランダムな数字の列の中に
1111111111が含まれることはしばしばありえます。）私たちに有益な刺激を与えてく
れるのは、必然的にこの両極端の情報量の中間でなければなりません。たとえ
ば、最小の情報しか含まない写真は何も写っていないモノクロの画像でしょう
し、最小の情報しか含まない本は、全部のページに同じ字が1個だけ印刷され
ている本でしょう。どちらも、情報の内容の点ではまったく面白くありません。
逆に、最大量の情報が詰め込まれた写真はノイズ画像がごちゃごちゃに混ざっ

ているでしょうし、本であればランダムな文字が支離滅裂にページを埋めている状態になるでしょう。これらも、私たちの関心を引くことはなさそうです。私たちに必要で、最も有用なのは、その中間のどこかです。一般的な写真は、私たちが理解できる形と量で情報を伝えています。もし、ある1ピクセルがとある色だったら、隣接するピクセルはみなそれとよく似た色である可能性が大です。私たちはそれを知っているので、そのことを利用して、情報を失わずに画像を圧縮します。あなたが今読んでいるこの本は、大部分のページが文字の並びと句読点で構成されているでしょう。雑多な文字をごちゃごちゃに詰め込んだ本や、どのページにも同じ1文字が刷られているだけの本といった極端な例とは違い、本書の文字は構造的に理にかなった「単語」というパターンにのっとっています。たまにしか出てこない単語もあれば、何度も繰り返し出てくる単語もあります。そのうえ、単語は文章を成立させるために文法というルールに従っていますから、そのおかげで読者は本が伝えようとする情報を理解できます。でたらめな文字や記号のごちゃまぜではそうはいきません。

　アルゼンチンの作家ホルヘ・ルイス・ボルヘスは短編『バベルの図書館』で、無数の書物を所蔵する巨大な──もしかしたら無限の──図書館を描きました。すべての本は同じ体裁で、どの本も410ページからなり、各ページは40行、各行は約80の黒い文字で構成されています。使われているのは、明示されていない言語のアルファベット22文字とコンマとピリオドと単語間のスペースのみですが、共通の書式に従ってこれらの文字と記号とスペースを使った時に可能となるすべての組み合わせが、館内の本で実現されています。大部分の本は意味のない文字の羅列にすぎませんが、なかには非常に秩序だっていながら、はっきりした意味をまったく持たないものもあります。たとえば、ある本はMの字がひたすら繰り返されています。別の本は、Mの本とほぼ同じですが、2番目の文字だけがNに置き換わっています。また別の本は、文や段落は何かの言語の文法にのっとっていますが、それにもかかわらず非論理的です。本物の歴史書もあれば、歴史書と称していながら実はフィクションの本もあります。まだ発明されていない装置や発見されていないことがらの説明文が書かれた本もあります。図書館のどこかに、基本的な文字と記号と空白あわせて

25個を使い、所定の書式で書いたり想像したりする場合に可能な組み合わせをすべて収めた本があります。しかし、当然ながら、それにはまったく意味がありません。なぜなら、あらかじめ何が真で何が偽か、何が事実で何がフィクションか、何に意味があって何が無意味なのかを知らなければ、徹底的に網羅された文字と記号の組み合わせは何の価値も持たないからです。サルにタイプライターをでたらめに叩かせ続ければ、長い時間のあいだにいつかシェイクスピアの作品を打ち出すという、古くからの"無限の猿定理"と同じです。サルたちはまた、何千兆年よりはるかに長い年月が経った後には、およそ科学の重要な問題のすべての答を打ち出していることでしょう。問題なのは、それらの答と一緒に、答えではないもの、正しい答えに対する反論、そして気が滅入るほど圧倒的に大量の無意味な文字列も吐き出されてくることです。目の前に答があったところで、答と一緒にその他の可能な文字の組み合わせすべてが置かれていて、どれが正しいか知るすべがないのであれば、何の役にも立ちません。

　ある意味で、インターネット世界（ワールド・ワイド・ウェブ）は膨大な知識とともにありとあらゆるゴシップ、真実と虚偽のないまぜ、まったくのデタラメに満ちていて、ボルヘスの図書館に似たもの——深遠な真理から無意味なものまで全部が収蔵された場所——になりつつあります。バベルの図書館を真似て、ランダムな文字列を並べたページを一瞬で生成するウェブサイトまであります。生成されたページには実在の単語や意味のある情報の切れ端が含まれているかもしれませんし、いないかもしれません。すぐ手の届くところに膨大なデータが存在する今、誰を（または何を）理知と事実の審判者として信じればいいのでしょう？　その答えは、究極的には数学の中にあります。なぜなら、ネット上の情報はエレクトロニクスのプロセッサとメモリの中に数字の集合体として存在しているのですから。

　近い将来の数学者たちは、ブラウン運動から弦理論までの一見広範囲で多様に見える科学の現象を結びつける包括的な「ランダムさの理論」を生み出す研究に注力しているでしょう。マサチューセッツ工科大学（MIT）のスコット・シェフィールドとケンブリッジ大学のジェイソン・ミラーという2人の研究者により、ランダムなプロセス（たとえば乱数を発生させるような関数）で得られる

多くの2Dの図形や曲線がいくつかのはっきりした族（ファミリー）に分類できること、そしてそれぞれの族に独自の性質があることが明らかにされました。彼らの分類に照らして考えることで、完全に異質でランダムに見えるもの同士の間に、予想もしなかったつながりが発見されています。

　最初に数学的に研究されたランダムな図形は、いわゆる「ランダムウォーク」です。酔っぱらいが街灯の支柱から千鳥足で歩きだしてふらふら進む場合のことを考えて下さい。どの1歩も（歩幅は同じと仮定して）ランダムな方向へ踏み出されます。この条件で一定の歩数進んだ時、彼が街灯の支柱からどれくらい遠くまで行っているかを割り出すにはどうすればいいかが問題です。これは、1歩ごとにコイントスで右へ行くか左へ行くかを決めると仮定すると、1次元の話に──言い換えると、1本の線の上を前後に移動するだけの動きに──還元できます。この問題が初めて現実世界とかかわったのは、1827年、イギリスの植物学者ロバート・ブラウンが水に浮かんだ花粉を顕微鏡で見て、壊れた花粉から出てきた微粒子が示すでたらめな動き（後にブラウン運動と呼ばれることになるもの）に注目した時でした。その後、この不規則な揺れのような動きは、微粒子に水の分子がランダムな方向から衝突して、まるで酔っぱらいのような挙動をさせるのが原因だとわかりました。ブラウン運動の数学がアメリカの数学者・哲学者ノーバート・ウィーナーによって完全に解明されたのは、ようやく1920年代になってからです。ポイントは、ランダムウォーク問題で1歩の移動と足を踏み出す間隔をどんどん小さくしていったら何が起こるかの算出でした。結果として現れるランダムな道筋は、ブラウン運動の軌跡にそっくりです。

　近年では、物理学者が別の種類のランダムな動きに関心を示しています。彼らが注視しているのは1Dの曲線をたどる粒子ではなく、信じられないくらい微小でくねくねと動く「弦（ひも）」で、その動きは2Dの曲面としてあらわされます。そう、まだ証明されてはいませんが学界の主流となっている、すべての物質を作る基本粒子に関する「弦理論」の弦です。スコット・シェフィールドは、「弦理論のための量子物理学を解明するには、曲面でのブラウン運動に似た何かが欲しい」と言っています。こうした理論が登場したのは1980年代で、アレクサンドル・ポリャコフ（ロシアの物理学者で現在はプリンストン大学に所属）

のおかげです。彼はそうした2D曲面を説明するひとつの方法を提示し、それは現在ではリウヴィル量子重力（LQG）と呼ばれています。LQGとは別にブラウンモデルという、やはりランダムな2D曲面についての理論もあります。LQGとブラウンモデルは補完的な関係にありましたが、実は2つの理論的アプローチが等しいことを証明して画期的な突破口を開いたのが、シェフィールドとミラーです。この理論が物理学の問題に直接適用されるまでにはまだ研究が必要ですが、やがては、極微小な弦から雪の結晶の成長や鉱床の形成といった目に見えるレベルの現象までいろいろなスケールにあてはまる強力な統一的原理であることが証明されるかもしれません。現時点ではっきりしているのは、物理宇宙の中核にあるのはランダムさであり、ランダムさの中核にあるのは数学だということです。

　真にランダムなものは予測できません。ランダムに並ぶ数字の列で、次の数字が何かを予見する方法はありません。物理学であれば、放射性同位体の原子核の壊変のようなランダムな事象がいつ起きるかを知るすべはありません。もしもあるものごとがランダムであれば、それは「非決定論的」であると言われます。なぜなら、既に起こったことを知っていても、次に何が起きるのかを原理的に解明できないからです。日常会話ではしばしば、ランダムなものは乱雑（カオス的）だと言われます。「ランダムさ」と「カオス」は日常語としてはほとんど同じような意味として使われます。しかし、数学ではこのふたつの間には大きな違いがあり、その違いを正しく理解するには、分数次元という不思議な世界を探求する必要があります。

フラクタル
カオスの一歩手前に現れる美しい秩序

数学には美とロマンスがある。数学世界は退屈な場所ではない。このう
えなく素晴らしい場所、そこで時を過ごすに値する場所だ。

——マーカス・デュ・ソートイ

「**カ**オス」という言葉を類語辞典で引くと、「大混乱」「混沌」「無秩序」と
いった類義語が載っています。しかし、比較的新しい研究領域であ
る「カオス理論」で数学者と科学者が扱うカオスは、それとはまったく違いま
す。無秩序なめちゃくちゃからは程遠く、ルールに従い、開始を予告でき、そ
のふるまいはとても美しいパターンを描きます。カオス理論はデジタル通信、
神経細胞の電気化学のモデリング、流体力学などの領域で実用に生かされてい
ます。本書では、拍子抜けするくらい単純な質問を通して、このテーマへのよ
り科学的なアプローチを試みましょう。

「グレートブリテン島の海岸線の長さはどのくらいか？」——これは、ブノ
ワ・マンデルブロが1967年に『サイエンス』誌に発表した論文のタイトルの一
部です。マンデルブロはポーランド生まれでフランスとアメリカの国籍を持つ
数学者で、当時はIBMのトマス・J・ワトソン研究所に所属していました。こ
の問いに答えるのはそんなに難しくなさそうに思えます。海岸線をずっと測っ
ていきさえすれば答えが出るはずです。ところが実際は、測定値はどういう尺
度（測定単位）を使うかに左右され、しかも、単位が小さくなるにしたがってあ
るひとつの値に近づくのではなく、際限なく長さが増える——少なくとも原子
レベルまで増えていく——と考えられています。海岸線、国境、あるいは大陸

の周囲にはっきり決まった長さがないという困惑を禁じえない結果を最初に提示したのは、イギリスの数学者・物理学者のルイス・フライ・リチャードソンでした。マンデルブロがこのアイディアを取り上げて発展させる数年前のことです。

　平和主義者だったリチャードソンは国際紛争の原因の理論的研究に関心を持ち、2つの国が戦争をする確率と両国間の国境の長さに関係があるかどうかを確かめようとしました。調査の過程で、彼は出典によって国境の長さの数字に大きな食い違いがあることに気付きます。たとえ

グレートブリテン島とアイルランド。2012年3月26日にNASAの地球観測衛星「テラ」が撮影した画像。

ばスペインとポルトガルの国境は、当時のスペイン当局の発表ではわずか987 kmなのに、ポルトガル側の発表では1214 kmだったのです。リチャードソンは、測定値に幅があるのは必ずしも誰かが間違ったからではなく、使った「尺度」──すなわち計算の元になる長さの最小単位──が異なっていたせいだと見抜きました。入り組んだ海岸線や国境を、長さ100 kmの巨大な（空想上の）物差しで測ると、その半分の長さの物差しを使った時よりも測定結果が小さくなります。物差しが短ければそれだけ海岸線の凹凸に沿った測定をして、最終的な測定値に含めていけます。リチャードソンは、尺度、つまり測定の単位が小さくなればなるほど、凹凸の海岸線や国境線の測定値が際限なく増えることを明らかにしました。実際に、スペイン＝ポルトガル国境の場合はポルトガルの方が短い単位を使って測っていました。

　この驚くべき発見は現在ではリチャードソン効果あるいは海岸線パラドックスと呼ばれていますが、リチャードソンが1961年に発表した時には誰もこれに注意を払いませんでした。今になって振り返ると、彼の発見は、やがてマン

デルブロが世界に知らしめることになる数学の驚くべき新分野の発展にとって極めて重要な貢献でした。この新分野をマンデルブロは「美しく、おそろしく難しく、どんどん役に立たなくなっていく」と評しています。マンデルブロは1975年に、この斬新な研究分野の中核をなす奇妙なものに「フラクタル」の名を与えました。フラクタルとは、分数次元を持つもの（曲線や空間など）を指します。

　フラクタルであるためには、どんなに小さな部分もすべてのスケールですべての形が複雑でなければなりません。私たちが数学で目にする曲線や幾何学図形の大部分はフラクタルではありません。たとえば円は、円周の一部分にズームしていくと次第に直線に近づき、そうなってからはどれだけ高倍率にしても新しい発見はありません。正方形もやはりフラクタルではありません。4つの頂点が同じ構造を保ち、それ以外の部分はズームインしていくとただの直線に見えます。複雑な構造が1ヵ所しかない、あるいはたくさんあるとしても、有限個しかない図形は、フラクタルとは認められません。その種の構造があらゆる点になくてはならないのです。3次元以上の図形についても同じことがあてはまります。たとえば球や立方体はフラクタルではありません。けれども、いろいろな次元にフラクタルな図形はたくさんあります。

　グレートブリテン島の海岸線に話を戻すと、縮尺の小さい地図にはかなり大きな湾と半島しか描かれていません。けれども実際に海岸に行くと、もっと細かい地形、たとえば入り江や小さな岬などが見えます。虫眼鏡や顕微鏡を持ち込むと、海岸にあるひとつひとつの岩や石の縁など、どんどん小さなスケールまで見ることができます。もっとも、現実の世界には、拡大して観察できる限界があります。原子や分子よりも小さいレベルになると——おそらく、それよりずっと前の段階ですでに——海岸線の長さについてそれ以上の細かさを<ruby>云々<rt>うんぬん</rt></ruby>する意味がなくなります。それに、そもそも、海岸線の長さは浸食や潮の満ち引きで刻一刻と変わっています。とはいえ、グレートブリテン島の——そして他の島や国々の——海岸線はフラクタルにかなり近似しており、それによって、なぜデータの出典の違いによって国境の長さが違うのかが理解できます。グレートブリテン島全体の地図には、実際にあなたが海岸を歩く時に目に

する小さな凹凸地形は描かれていませんから、その地図に基づいた海岸線の長さは実際よりずっと短い数値になるでしょう。単に海岸を歩いているだけでは、岩の細かい構造までは見逃してしまいます。すると、1フィートの物差しやもっと細かい尺度のものを使って小さな凹凸まで高精度で測定して得られる結果より、海岸線の長さは短くなります。より精密な測定を行うに従って、海岸線の長さは最終的な「真の」数値に近づくのではなく、幾何級数的に増えていきます。言い換えれば、解像度が十分に高い装置で測定すれば、あなたは望み通りの大きさの数値を得ることができます（ただし、物質を構成する原子の性質による限界内で）。

　海岸線のような自然界のフラクタルの他に、純粋に数学的なフラクタルも多数あります。そのひとつを作る簡単な方法を紹介しましょう。1本の線分を三等分し、真ん中の部分が底辺になるように正三角形を描いて、底辺にした部分を消します。次に、最初の線分の3分の1の長さがあるこの4本の線分のそれぞれで、同じ操作をします。さらに、そうやってできた先ほどより短い線分で同じ操作をします。これを好きな回数だけ──あるいは永遠に──繰り返します。最終的にできるのが、コッホ曲線として知られる図形です。この図形に関する論文を1904年に発表したスウェーデンの数学者ヘルゲ・フォン・コッホにちなんで命名されました。コッホ曲線を3つ組み合わせると、コッホ雪片になります。コッホ曲線は、最も早い時期に作られたフラクタル図形のひとつです。この他に、有名な2つのフラクタルが20世紀の最初の四半世紀に数学的に考案されました。その2つを作ったのはポーランドの数学者ヴァツワフ・シェルピンスキで、それぞれの図形は「シェルピンスキのガスケット（別名シェルピンスキのざる、シェルピンスキの三角形）」と「シェルピンスキのカーペット」と呼ばれます。シェルピンスキのガスケットを作るには、正三角形を出発点として使い、各辺の中点を結んで4つの正三角形に分割します。次に中央の正三角形を取り除いて3つの正三角形を残し、それぞれに先ほどと同じ操作を無限に繰り返します。一方シェルピンスキのカーペットは、まず正方形の各辺を3等分して、面を9分割し、真ん中の正方形を取り除きます。次に残る8個の正方形について、それぞれに先ほどと同じ操作を行い、これを無限に繰り返しま

シェルピンスキのガスケット
Wikipediaより転載

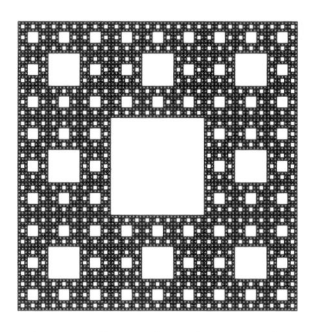

シェルピンスキのカーペット
Wikipediaより転載

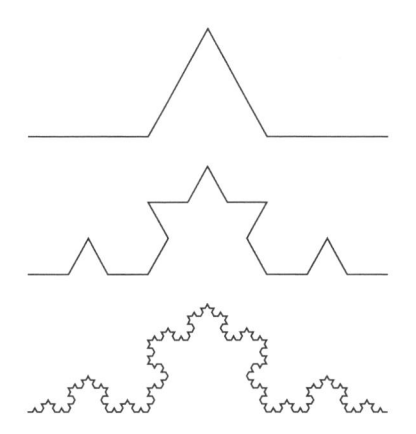

コッホ曲線の1回目、2回目、4回目の操作を
行ったところ。

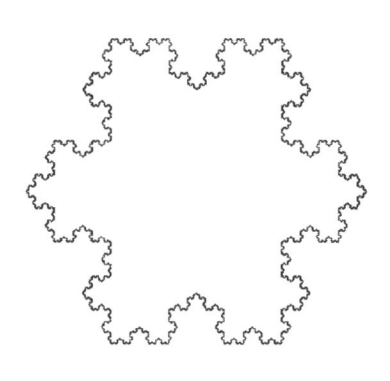

コッホ雪片

す。こうした図形について本格的に数学的研究が始まったのはせいぜい百年前くらいですが、図形そのものは古くから芸術家たちに知られていました。たとえばシェルピンスキのガスケットは、アナーニの大聖堂を飾る13世紀のモザイクをはじめとしたイタリアの美術で見ることができます。

　フラクタルの性質の中で最も興味深く、かつ直観に反しているのが、フラクタル次元 (dimension) です。dimension という英語にはいくつかの意味がありますが、多くの人がまず最初に思い浮かべるのは「寸法」、つまりなにかのサ

イズで、次が2章で取り上げた「次元」、つまり空間的な方向でしょう。立方体は互いに対して垂直に交わる3つの方向に側面があるから3次元だ、と私たちは言います。垂直に交わる方向の数によって示されるこの直観的な「次元」理解は、数学で位相次元（トポロジカル次元）と呼ばれるものとおおむね同じです。私たちが球面に沿って動く場合には東西と南北の組み合わせで示される方向に移動することができるので、球面の位相次元は2です。それに対し、球体では、地球上と同様に球の中心に向かって下ったり、中心から表面へ向けて上昇したりできるため、上と下の方向も加わり、位相次元は3になります。2章で見たように、位相次元は4以上になることさえできます（たとえば正八胞体の位相次元は4です）が、必ず次元の数は整数です。ところが、フラクタル次元はこれらと違い、大雑把に言うと「曲線がどれくらい密に平面を埋めているか、あるいは面がどれくらい複雑に空間を埋めているか」を尺度とします。

　フラクタル次元には異なる形式がいくつもありますが、最もわかりやすいのはボックスカウンティング次元（別名ミンコフスキー・ブーリガン次元）です。グレートブリテン島の海岸線の例でその計算をするとしましょう。海岸線の地図の上に小さい正方形のマス目を重ね、海岸線を含むマス目（ボックス）の数を数えます。次にマス目の各辺の長さを半分にして、再び数えます。元の図形が直線であれば、マス目の数は単純に2倍に増えます。つまり2^1倍で、指数の「1」がボックスカウンティング次元です。元の図形が正方形の場合、周囲にかかるマス目の数は4倍、すなわち2^2倍に増えますから、次元は2です。立方体であれば（3次元のグリッドを使います）、3次元図形のためマス目の数は8倍、すなわち2^3倍になります。

　私たちが普通に思いつく形の大部分は、整数次元（1、2、3）を持っています。しかし、フラクタルは違います。わかりやすいようコッホ雪片を例にとると、ひとつひとつの要素（コッホ曲線）は、それより小さいコッホ曲線4個でできています。グリッドのマス目の1辺の長さを3分の1にすると、コッホ曲線を3分の1のサイズのコピー4個に分けることができます。こうして分けられた小さいコピーも、やはりその3分の1サイズのコピー4個を持っています。従って、図形の外周線と重なるマス目の数は4倍ずつ増えていきます。そのため、

コッホ曲線の（そしてコッホ曲線からなるコッホ雪片の）次元 d について、$3^d = 4$ の関係が得られます。この式を解くと d の値は約 1.26 になりますから、コッホ雪片はおよそ 1.26 次元です。これは、どんなスケールを選んでもコッホ雪片が直線と比べてずっと波のようにうねっていることを物語っていると考えて下さい。または、別の見方をして、これはコッホ雪片が、それ自身の存在している 2D の平面を埋めている割合だと考えて下さい。1 次元であるには細工が細かすぎ、2 次元になるには単純すぎるということです。線は無限の細さであるうえ形が単純なので、1 本の線が平面を埋めることは決してありません。コッホ曲線のようなフラクタルも、やはりその線は無限の細さですが、任意の 2 点の間が非常に複雑に曲がりくねっているため、ズームアウトした時に 2 点間がどんなに近そうに見えても、線上をたどっていくとその 2 点間の距離は無限です。

　ボックスカウンティング法をシェルピンスキ・ガスケットに適用すると、最終的な d の値はおよそ 1.58 になります。図形が整数ではない次元を持ちうるというこの状態は、とても奇妙に見えます。この奇妙さは、純粋に数学的な領域から物理世界のものごとへとあふれ出ます。

　コッホ雪片やシェルピンスキ・ガスケットのようなフラクタルは自己相似といい、図形自体を小型化したコピーが延々と続いて作られています。自然界のフラクタルの大部分は、正確な自己相似ではありません。しかし統計的には自己相似と言ってよく、そのためボックスカウンティング法を用いてそれらの図形のフラクタル次元を計算することができます。グレートブリテン島の海岸線のフラクタル次元を計算すると、およそ 1.25 です。驚くほどコッホ雪片に近い値です。わかりやすく言うと、グレートブリテン島の海岸線は、あらゆるスケールにおいて、直線またはその他のシンプルな曲線と比べて 1.25 倍入り組んでいるということです。比較として南アフリカ共和国を見てみると、海岸線はもっとなめらかで、フラクタル次元も 1.05 と小さめです。一方、深く切れ込んだ無数のフィヨルドからなるノルウェーの海岸は、フラクタル次元が 1.52 です。この考え方は海岸線以外の自然界のフラクタルにも適用できます。その好例が人間の肺です。肺は明らかに 3 次元の物体ですから、表面は 2 次元的だと考える人もいるでしょう。しかし、肺はできる限り素早くガス交換〔血中に酸素

を取り入れ、二酸化炭素を放出する〕をするために、気が遠くなるくらい広い表面積を持っています。その広さは、テニスコートの約半分に相当する80〜100平方メートルです。肺の表面には無数の小さなひだと空気の入った袋（肺胞）があり、肺の中はほぼそれらで埋まっています。肺の表面のボックス次元は、およそ2.97と算出されています。この測り方で見れば、ほとんど3次元です。

現実の世界に空間次元は3つしかありませんが、時間が「4番目の次元」とみなされることがあります。だとすれば、フラクタルが空間だけでなく時間の中にも存在するとしても、驚くほどのことではないでしょう。経済分野での例に、株式市場があります。株式市況は長い年月の間に大きな変化を見せるものです。そうした変化は、何年もかけて徐々に進むこともあれば、暴落のように急激に動くこともあります。加えて、大規模な市場動向とは一見無関係に株価が小さく上下動することがありますし、1日の間に何度も個々の株が上昇や下落をすることによる小幅な値動きなどの、もっと小さな変化もあります。株取引へのコンピューター導入以来、このトレンドはごく短い時間ごとに——分単位どころか秒単位で——追跡できるようになっています。

時間をベースとしたフラクタルのもうひとつの例は、先ほど取り上げたグレートブリテン島などの海岸線です。ある瞬間の海岸線の長さは純粋に空間的なフラクタルで、その瞬間の測定値に影響するのは尺度（倍率）の要素だけです。しかし、時間がからむと、以前も述べたとおり他の変数（絶え間ない浸食、堆積、潮の干満、ひとつひとつの波、地殻変動による知覚不能なほどわずかな地面の隆起・沈降など）が関係してきます。

数学者に知られているあらゆるフラクタルの中で、その複雑精妙さによってひときわ有名なものがあります。すべての縮尺においてファンタスティックな形状を持つだけでなく、別々の縮尺の別々の部分を比べると、まったく違う2種類のフラクタルのように見えるのです。それが有名なマンデルブロ集合です。アメリカの著述家ジェイムズ・グリックは著書『カオス』の中で、（おそらくいくらかの疑念は残しつつ）マンデルブロ集合を「数学で最も複雑な図形」として紹介しています。なお、この集合はブノワ・マンデルブロの名を冠していますが、実際の発見者が誰かについては結論が定まっていません。ふたりの数学

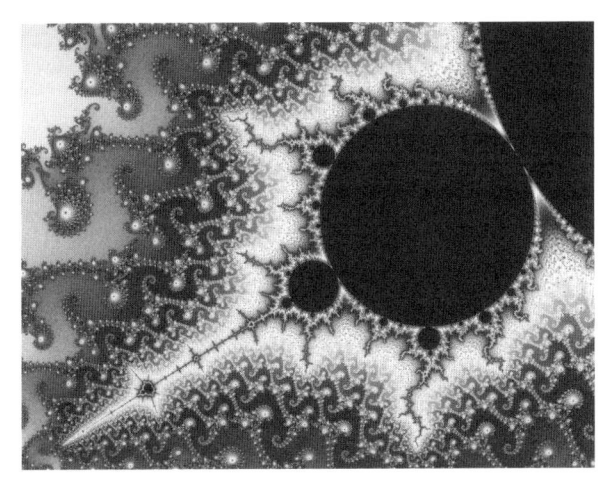

マンデルブロ集合の一部分。

者がほぼ同時期にそれぞれ独自に発見したと主張しているほか、コーネル大学のジョン・ハバードは、自分が1979年にIBMを訪れてマンデルブロにある図形の一部をプロットするコンピュータープログラムを見せ、マンデルブロが同じ年にその図形に関する論文を発表した後にそれがマンデルブロ集合として知られるようになったと述べています。マンデルブロはフラクタルという分野を広く知らしめ、フラクタル画像を見せるうまい方法を編み出したものの、その図形を考案した数学者の名前を記すほどの度量の大きさは持っていなかったようです。

　果てしない迷宮のように複雑なマンデルブロ集合ですが、とても単純なルールを何度も反復して適用することで作られています。そのルールは基本的に次のようなものです。ある数を選び、それを2乗し、定数を加えます。次にその答えを「ある数」として同じ方程式に入れ、同様に計算します。これをずっと繰り返します。ただし、ここで扱われる数は複素数です。複素数とは、実数部分と虚数部分（2乗するとマイナス1になる数を何倍かしたもの）の和からなる数のことです。それぞれの複素数の実数と虚数の値をグラフ上にプロットすると、フラクタル図形が現れます。

　もう少し詳しく説明しましょう。複素数zと、やはり複素数である定数cか

ら出発するとします。任意の数を z として選んだら、ルールに従って「zを2乗してcを加える」、つまり $z^2 + c$ を計算します。そこで得られた答えが次のzになり、この新しいzで同じ計算をして、また次のzを得ます。zの値によっては計算結果がつねに一定になったり、循環して最初の値に戻ったりすることもあります。いつも同じだったり循環に陥ったりした値は、もし私たちがzをほんのわずかに変えても新しい値が元の道筋と極めて近いものにとどまっていれば、安定していると言われます。これは谷底にあるボールと似た状態です。ボールを少し動かしてもすぐに元の位置に戻るので、ボールは安定です。それに対して、山のてっぺんにあるボールは少しでも動かせば転がり落ちてまったく別の道筋を通りますから、山頂という位置は不安定です。

　同じ数に留まったり循環したりする安定点は「アトラクター」と呼ばれます。また、最初は必ずしもアトラクターに近くないにもかかわらず、プロセスを反復し続けるうちに次第にアトラクターに近づく点もあります。これらの点で形成されるのが、cの「吸引流域」です。その他の点はどんどん遠ざかり、無限に発散していきます。吸引流域の境界線が、cに対するジュリア集合です。ジュリア集合はフランスの数学者ガストン・ジュリアにちなむ命名で、ジュリアは同じフランス人のピエール・ファトゥと並んで、20世紀初めに複素力学系と呼ばれる分野のパイオニアとなりました。ジュリア集合に含まれる任意の点を繰り返し同じ方程式に入れて計算すると、その結果得られる点もジュリア集合に含まれますが、繰り返しのパターンに落ち着かずに動き回ることもあります。

　成立可能なジュリア集合で最もシンプルなのは、$c = 0$ の場合です。なぜなら、新しいzの数値を得るには、単に「zを2乗すればよい」からです。これを繰り返した時、複素数zに何が起こるでしょう？　もしもzが0（原点）を中心とする単位円（半径1の円）の内側から出発すると、らせんを描いて急速に0に向かって進みます。zが単位円の外側にあれば、らせんを描いて急速に無限へと進んでいきます。ですから、ジュリア集合は単位円の境界であり、単位円のどこもかしも吸引の出発点であり、アトラクターは0です。$c = 0$ のジュリア集合は、2個の磁石のちょうど真ん中に置かれた鋼鉄の玉にたとえることができます。玉はじっとして動きません（ただ、実際のジュリア集合では、zはジュリア

フラクタル

ジュリア集合。c = − 0.7269 + 0.1889i
この図形の境界線がジュリア集合。境界線の外は発散します。境界線の
内部が吸引領域で、充塡ジュリア集合とも呼ばれます。　Wikipediaより転載

集合に含まれる限りその中で予測不能に動けます)。しかし、この玉をほんのわずか
でも違う位置に置いたら、玉はいずれかの磁石に引き寄せられます。この例に
おける片方の磁石が0で、もう片方が無限大にあたります。

　このジュリア集合はとんでもなく興味深いとまでは言えませんし、間違いな
くフラクタルではありません。ところが、$c = 0$ でない場合のジュリア集合は、
まさにフラクタルを形成し、しかも多種多様な形を取ります。ジュリア集合は
時にはつながって(連結して)いますが、そうでない時もあります。連結してい
ない時には、「ファトゥの塵」と呼ばれる形になります。ファトゥの塵は、名
前からわかるようにつながりのない点が集まって雲のように見えるのですが、
実は次元が1未満のフラクタルです。

　マンデルブロ集合は、ジュリア集合が連結している場合のcのすべてを集め
た集合で、最もパターンを見分けやすく、それでいて直観に反するフラクタル
のひとつです。マンデルブロ集合は連結していますが、集合に属しているよう
には見えないのに、実は極端に細い糸のようなもので集合とつながっているご
く小さい要素があります。この小さな要素を拡大すると、それがマンデルブロ
集合全体の複製であることがわかります。初めて見ると驚くかもしれません
が、これはフラクタルの性質に関する私たちの理解に合致しています。ただ、
側枝のようなこの部分は完全な複製ではなく、どの2つを取ってもそっくり同

じものはありません。これこそマンデルブロ集合に関する最も深遠な事実のひとつです。マンデルブロ集合の境界上の任意の点にズームインすると、どんどん、その点でのジュリア集合に似たパターンが現れてきます。ひとつながりのフラクタルであるマンデルブロ集合は、その境界に多種多様なジュリア集合の形をしたまったく異なるフラクタルを無限に含んでいるのです。実際、マンデルブロ集合はジュリア集合のカタログと呼ばれています。マンデルブロ集合の境界はあまりにも度はずれて複雑なので、面積がゼロと推測されているにもかかわらず2次元的であることが判明しています[注]。

　フラクタルはしばしば、単純明快なのに直観に反する原理の好例を見せてくれます。シンプルなルールから、幻想的なほど複雑な構造とパターンを生み出すことができるからです。コッホ雪片は、子供でも理解できるルール（線の真ん中3分の1の上に正三角形を足す）で作り出されていますが、規則的であるのにすばらしく精妙な構造を持っています。マンデルブロ集合はそれよりはるかに複雑ですが、やはり、拍子抜けするくらいシンプルなルールから生成します。関数 $z^2 + c$ から出発し、その特徴を調べ、質問をすることで（計算し、その結果を使ってさらに計算することで）、目もくらむほど複雑な、どの部分を見るかによってさまざまに異なるフラクタルに到達できます。コンピューターを顕微鏡代わりに使って像を拡大すれば、マンデルブロ集合のどの部分にでもズームインでき、完全に同じ繰り返しも終点にたどりつくことも決してないパターンの中のパターンを見つけることができます。

　フラクタルにはもうひとつ面白い性質があります。コッホ雪片のフラクタル次元は前に述べたように1.26で、この数字は、その図形がどれくらい「荒れて（デコボコして）」いるか、言い換えればどれくらい複雑に面を埋めているかの目安になります。コッホ雪片と交わる任意の直線を引くと、ほとんど常に交差部

〈邦訳版注〉境界は線で構成されていますが、線に太さはなく、線がいくら集まっても本来は面になりえないので、面積はゼロのはずです。ところがマンデルブロ集合の場合、その境界をなす線が非常に複雑に描かれているため、あたかも面のように2次元的になっています。

分それ自体が次元0.26のフラクタルになっています〈注1〉。（それより低次元になる場合もわずかにあります。たとえば線対称になるように線を引くと、交点は孤立した2つの点になり、フラクタル次元は0です。）1から2までの次元を持つあらゆるフラクタルにこれがあてはまります。例として、マンデルブロ集合の境界と交差する線を見てみましょう。ほとんどすべての交点は非連結、つまりバラバラで長さが0の点からなるにもかかわらず、次元が1のフラクタルを形成します。

　次元が1より小さいフラクタルについて同様に考えた場合は、結果が少し違ってきます。これらのフラクタルはすべて、孤立した点が集まった雲で構成されています。ファトゥの塵はその一例です。驚くべきことに、ファトゥの塵と交わることのできた直線はほぼ例外なく1点だけで交わっていてフラクタル次元は0であり、交わらなかったその他多くの直線は、ファトゥの塵を通り抜けるものだけに限定しても、決して塵の中の点と交わりません〈注2〉。

　今までに挙げたフラクタルはすべて2次元空間に存在していますが、1次元空間に降りていってもフラクタルを見つけることができます。1次元空間のフラクタルは連結していない点からなる雲で、フラクタル次元は1以下です。最も有名な例はカントール集合でしょう。一本の線分から出発し、これを3等分して中央部分を取り除き、2本の線分にします。同じ操作を何度も何度も繰り返します。すると最後にはすべての線分が互いに非連結の点となり、フラクタル次元が約0.63のフラクタルを構成します。

　フラクタルは、数学のもうひとつの現象であるカオスとも関係しています。フラクタルもカオスも、何度もサイクルを繰り返す「反復関数」というルール

〈邦訳版注1〉点の次元は0、直線や曲線など線の次元は1であり、線と線の交点は点なので次元は0です。ところがコッホ雪片と直線が交わる場合、コッホ雪片はとどまることのない無限回の操作が行われつづけている図形なので、交わる部分として、孤立して動きの止まった1点を考えられません。そのため、交差部分は0次元と1次元の間の次元となります。

〈邦訳版注2〉ファトゥの塵は1点ずつ孤立しているので、直線と交点を持つことができ、交点の次元は0です。ファトゥの塵の2点を選んで結べば、直線ができます。さて、ファトゥの塵の1点を通る直線を引いた場合、その直線は他のファトゥの塵の点も通りそうなものですが、実際にはその確率は非常に低い、ということがここの説明の内容です。

から生成されます。どの反復も、ひとつ前の反復の結果を入力して新しい状態を生み出します。フラクタルの場合は、反復によって完全な繰り返しかそれに近いパターンが生成され、どこまで拡大してもパターンの反復に終わりがありません。それに対して、カオスの大きな特徴は、パターンの繰り返しが一切ない複雑さと、初期条件（系の出発点での状態）への感受性が極度に高いことです。

「カオス」という言葉はギリシャ語が語源で、もともとの意味は「空っぽの空間」「何もない」でした。古代や創造神話の概念としてのカオスは形のない状態で、そこからこの世界が現れ出たとされていました。数学や物理学でいう「カオス」や「カオス的状態」はランダムさやパターンの欠如と同義です。しかしカオス理論はそのどれとも違い、特定の条件を満たす非線形力学系のふるまいを扱う理論のことを指します。身近な例に、天気の変化があります。今では数日から1週間先までくらいの短期の気象予報は簡単にできますし、たいていはかなり当たります。けれども、1ヵ月先のような長期の話になると、信頼できる予報はありません。その理由はカオスにあります。

ある特定の初期条件から始まる気象について考えてみましょう。私たちはその初期条件から将来の天気を計算できます。しかし、初期条件をほんのわずかでも変えると、すぐに天気は先ほどの計算と似ても似つかないものになるでしょう。アメリカの数学者・気象学者エドワード・ローレンツによるカオスの発見をもたらしたのは、この事実でした。ローレンツは1950年代に、数学的に単純化した気象モデルを研究していました。彼はコンピューターに数値を打ち込んで気象変化をあらわすグラフを生成させていましたが、あるとき計算が途中で中断されてしまい、プログラムを再開させる必要が生じました。最初から計算をやり直すと長い時間がかかるので途中のあるポイントから始めることにした彼は、そのポイントで出力されていたデータを入力しました。グラフは最初のうちは以前のグラフと一致していましたが、じきに、まったく別のグラフであるかのように急速にずれが大きくなりはじめました。理由は、コンピューターの内部に、出力時に数字を丸める〔四捨五入や切り上げ、切り捨てなどで桁数を少なくする〕部分よりも下の数桁が保存されていたことでした。ローレンツがプログラムを再開した時に入力した数値にはその数桁がなかったため、最初の

計算と2度目の計算で、そのポイントにおける入力値が気付かないほどわずかに違っていました。この違いがプログラムによって増幅され、急速に別物へとそれていったのでした。ここから、ローレンツがバタフライ効果と呼んだ原理が生み出されます。今日のチョウのはばたきが1ヵ月後にハリケーンを引き起こすかもしれないといった表現で知られています。

　気象予報に使う方程式よりずっと単純な方程式でも同じ効果を生じさせることができ、パターンと予測可能性が崩れてカオスが優位になるポイントを明らかにできます。仮に、xという値からスタートすることにしましょう。xは0以上1以下のどんな値をも取ることができます。次に、xに$(1 - x)$と定数kを掛けます。kは1以上4以下とします。こうして得られた数字を新しいxとして最初の式に代入し、これを何度も繰り返します。数学的な表現を使うと、このプロセスは次のように要約できます。

$$x \rightarrow kx(1 - x) \quad\quad ただし 0 \leqq x \leqq 1、1 \leqq k \leqq 4$$

　kの値が3以下の場合は単一の点がアトラクターとなり、xが0か1以外であればどんな場合でもアトラクターへ向かって収束していきます。kが3より大きく3.45より小さい場合にはアトラクターは2点となり、その2点を交互に行き来します。kが3.45と3.54の間の場合、アトラクターは4個の点になり、次いで8個、という具合に2倍ずつ増え、2倍になる速度がどんどん増していきます。おおむね $k = 3.57$ のところで大きな変化が起き、2倍になる現象が「起こるのがどんどん速くなる」から、「無限回起こる」に移行します。このポイントでは系は一定のパターンに落ち着くことが決してできなくなり、完全にカオス的になります。カオスは、予測可能だった系が完全に予測不可能になった時に出現します。上の例で言えば、kが3未満の時は予測が簡単で、100回反復した後でも導き出される点は単一のアトラクターのすぐ近くにきます。kが3.57を超えると、どの点に関しても長期的なふるまいの予測は不可能です。

　上で述べた例でkが3を越えた時から起きる、アトラクターポイントが1個から2個、さらに4個へ……と2倍ずつ増える現象を司っているのは、ファイ

ゲンバウム定数と呼ばれる重要な定数です。この重要な定数が、カオスに至る過程でどんなふうに現れるのかを見てみましょう。アトラクターポイントが1個のサイクルである最初の段階は、$k = 1$ から $k = 3$ まで続きますから、長さは2です。点が2個のサイクルである第2段階は、$k = 3$ から $k = 3.45$ まで続きますから、長さはおよそ0.45です。2：0.45の比の値は約4.45です。第3段階の長さはおよそ0.095で、0.45：0.095の比の値は約4.74です。以下同様に調べていくと、この比の値はやがて約4.669であるファイゲンバウム定数に収束します。どの段階もひとつ前の段階より指数関数的に短くなっていくため、$k = 3.57$ に近づくとサイクルの起こる回数が無限大になります。

ファイゲンバウム定数は上で見たようなプロセスで現れますが、カオス理論にとって根本的に重要なのは、同様のカオス的な系のすべてにこの定数が見られることです。いくつかの基本条件を満たせば、カオス的な系をあらわすどんな方程式でも、ファイゲンバウム定数に従ってアトラクターポイントの数が2倍ずつ増えていくサイクルを持つようになります。

カオス的プロセスがどのようにフラクタルを生成させるかを知るには、先ほど述べた反復プロセスを使って、それぞれの k についてアトラクターをプロットします。$k = 3.57$ 以降の数の大部分は純粋なカオスですが、アトラクターが有限になる点もいくつか存在します。それらの点は「安定性の島」と呼ばれています。そうした島のひとつが $k = 3.82$ のあたりで、そこではアトラクターがわずか3つの数値で構成されます。その3つのどれにズームインしても、私たちが目にするのは「グラフ全体とよく似ているものの完全に同一ではないもの」です。

カオス理論研究の先駆者として、ローレンツはストレンジアトラクターと呼ばれるいくつかの新しいフラクタルも発見しました。通常のアトラクターは単純で、点はそのアトラクターへ向かって収束し、その後アトラクターに添った固定サイクルをたどります。ところがストレンジアトラクターは、これから見ていくように、違うふるまいをします。ローレンツは、ストレンジアトラクターの最初の例を作るために、とある微分方程式の系を使いました。彼がそのアトラクター上の任意の点を拡大したところ、無限に多数の平行線が走ってい

第4章

フラクタル

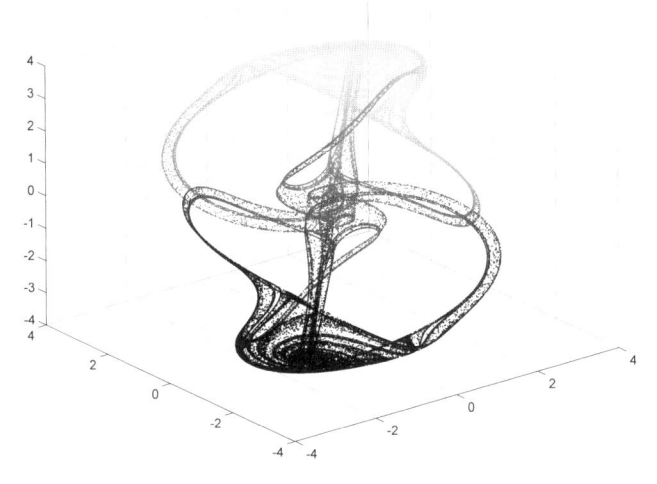

ストレンジアトラクターの例。「トマ」と呼ばれる巡回対称アトラクター。

るのが見えました。アトラクター上のどの点も、アトラクターに添ってカオス的な道筋をたどり、決して元の位置には戻りません。互いに非常に近い位置から出発した2点は急速に離れていき、最後はまったく異なる軌跡を描きます。物理的なアナロジー（類似物）として、ピンポン玉と海を想像して下さい。ピンポン玉を海面の上方にもっていって手を離すと、海面に着くまでは速い速度で落下します。海面より下に入れて手を離せば、勢いよく浮上します。けれどもいったん海面に浮かんだら、その後の動きは予測できず、カオス的になります。これと同様に、ストレンジアトラクターの上にない点は急速にストレンジアトラクターへ向かって動きます。そしてひとたびストレンジアトラクター上に来たら、カオス的に動き回るのです。

　フラクタルは数学的な研究対象としてとても魅力的で、また視覚的に最も鮮烈で印象的なもののひとつです。しかし、物理的な世界でもフラクタルはとても大きな重要性を持っています。自然界でランダムかつ不規則に起きているように見えるものごとは、どれもフラクタルである可能性があります。実際、存在するすべてのものはフラクタルである、なぜなら少なくとも原子レベルまでのあらゆるレベルで何らかの構造を持っているのだから、という議論も可能で

す。雲や、人間の手の血管、気管支、木の葉の葉脈もフラクタル構造です。宇宙論では、宇宙全体の物質の分布がフラクタルに似ていて、原子や原子核よりもっと小さい、何らかの物理的な意味がある最小の長さであるプランク長のレベルまでその構造が及んでいるとされます（プランク長は 1.6×10^{-35} メートル、別の言い方をすると、陽子の幅の1兆分の1のさらに1億分の1です）。

フラクタルは空間パターンだけでなく時間パターンにも不意に現れることがあります。ドラム演奏はその好例です。コンピュータープログラムでリズミカルなドラム音パターンを生成させたり、ロボットにドラムを叩かせたりすることは簡単です。けれどもプロのドラマーの演奏は、完璧に一定で申し分なく正確な拍子を刻む合成ドラム音とは何かが違います。この「何か」こそ、タイミングと音量のわずかなバリエーション——完璧さからの小さな逸脱——であり、研究の結果、このずれが本質的にフラクタルであることがわかっています。

ロックバンド「TOTO」のドラマーで、片手での高速・技巧的なハイハットシンバル演奏で名高かったジェフ・ポーカロのドラミングを、国際的な科学者チームが分析したことがあります。ポーカロのハイハットヒッティングは、リズムと音量のどちらも自己相似パターンを持ち、長時間の構造の中で短時間の間に現れる構造がこだまのように繰り返されていることが判明しました。ポーカロのシンバルへのヒットは、フラクタルな海岸線の"音バージョン"といったおもむきで、異なる時間スケールでの自己相似性を示していました。さらに、聴衆は正確無比なパーカッションやもっとランダムな音よりも、まさにこのタイプのバリエーションを好むこともわかりました。

音のフラクタルパターンはドラマーごとに違い、演奏の個性の一部になっています。同様のパターンは他の楽器の演奏でもわずかながら生じ、人間の演奏を機械演奏から分かつごく小さな不完全性のもとになっています。

私たちのまわりの世界には、フラクタルなものや、ほぼフラクタルに近いものがたくさんあります。ですから、コンピューターは自然界に存在する事物（たとえば樹木）によく似た画像をたちまち作り出すことができます。使うべき数式といくらかの初期データさえあれば、瞬時に、息をのむほど本物そっくりな画像を描き出せるのです。雲や流れる水、風景や岩、植物、惑星、その他目に

映るあらゆるものをあっという間にレンダリング（画像や音声生成）してくれる
この技術が、CGI（コンピューター生成画像）を利用した映画やアニメ、フライト
シミュレーター、コンピューターゲームの制作関係者のお気に入りなのも当然
です。リアルに動く場面を生み出すために必要なすべてのオブジェクトやシー
ンを保存しておく膨大なデータベースは不要です。なにしろコンピューター
が、いくつかのシンプルなルールに基づく計算を高速で繰り返し実行するだけ
でその場でリアルに動く場面を作りだしてくれるのですから。未来のバーチャ
ルリアリティーその他の没入型技術は、現実と見分けがつかない3D映像をリ
アルタイムで生成させることを目指しています。その開発において、このアプ
ローチが重要な役割を果たすと思って間違いないでしょう。

チューリングの素晴らしきマシン

計算可能なあらゆる数列を入力して計算するために使うことのできる装置を発明することは可能である。

——アラン・チューリング

コンピューターは数学よりも工学との関係が深いと思われがちですし、たしかにハードウェアやプログラミングの応用に関して言えばそれは本当です。しかし、計算理論——理論計算機科学——は文句なしに数学の領域に属します。奇妙な数学の世界を巡る私たちの旅のコンピューター編、つまりコンピューターが計算できることの限界を探る旅は、今から1世紀近く昔、最初の電子頭脳が起動するよりもずっと前から始まります。

同僚に未解明の問題群を提示して挑発したことで知られるドイツの数学者ダーフィット・ヒルベルトは、1928年に「決定問題 (*Entscheidungsproblem*)」と呼ぶ問題を提起しました。この問題は、ある数学的命題が正しいか正しくないかを、一段階ずつ手順を踏んで有限回数の操作で判定することは可能か否かを問うていました。ヒルベルトは答えが「イエス」になると考えていましたが、10年も経たないうちに彼の希望は砕かれました。

最初の一撃は、オーストリア生まれの論理学者クルト・ゲーデルが1931年に発表した論文でした。ゲーデルの業績は本書の最終章で詳しく取り上げますが、彼の関心領域は、定理を導くために使うことのできる公理系——正しいことが自明とされている数学の公式 (公理) の集まり——でした。ゲーデルは、論理的に無矛盾で、算術規則すべてを含むくらい大きな公理系は、いかなるものであれ、その中に"当然正しいはずだが系の内部からはその正しさを証明で

きないもの"をいくつか含む、ということを示しました。ゲーデルの不完全性
定理として知られることになるこの定理は、数学的真理のうちの一部は証明が
不可能であることを意味しています。この発見は多くの数学者にとって忌まわ
しいショックでしたが、数学の定理の「決定可能性」という問題をめぐる扉は
まだ開いたままでした。言い換えると、ある定理が証明可能かそうでないか、
証明可能であればそれが真か偽かを必ず決定できる一連の手順(すなわちアルゴ
リズム)を見つけられるかどうかの問題はまだ残っていたということです。と
ころが、ほどなくその扉が閉ざされてしまいました。扉を閉めた者のひとりが
若きイギリス人アラン・チューリングで、彼は決定問題に引導を渡すうえで大
きな役割を果たしたのでした。

　チューリングの人生は栄光と悲劇の両方に彩られています。栄光は、彼が天
才であり、計算機科学(コンピューター科学)の創設に寄与し、暗号解読によっ
て第2次世界大戦の終結を早めたことによります。悲劇は、同性愛に対する当
時の社会の視線が原因でした。チューリングは早くから数学と科学に抜きん出
ていました。1926年に13歳で入学したドーセット州のシャーボーン・スクー
ルで、その才能を遺憾なく発揮します。チューリングはこの学校で、もうひと
りの傑出した存在だったクリストファー・モーコムという同級生と深い友情で
結ばれました。しかし1930年にモーコムが急死し、チューリングは大きな
ショックを受けます。彼は喪失感からそれまで以上に数学の研究に没頭し、ま
た精神の本質や魂は死後も残るかといったことに大きな関心を持って、その答
えを量子力学の中に見出せるのではないかと考えました。

　ケンブリッジ大学での学生時代に論理学を受講したチューリングは、そこで
決定問題を知ります。決定問題の答はイエスだというヒルベルトの考えは間
違っていると確信した彼は、卒論のテーマの一部としてこの問題を取り上げる
ことに決めました。彼は、ある数学上の主張が証明可能かそうでないかを決め
るアルゴリズムは、必ずしも常に存在するわけではないと考えました。決定問
題を解くためにチューリングに必要だったのは、アルゴリズム一般を実行する
方法、すなわち、与えられた論理的な命令セットがいかなるものであっても実
行できる理念上の装置でした。彼がそこで考案したのは純粋に抽象的な機械

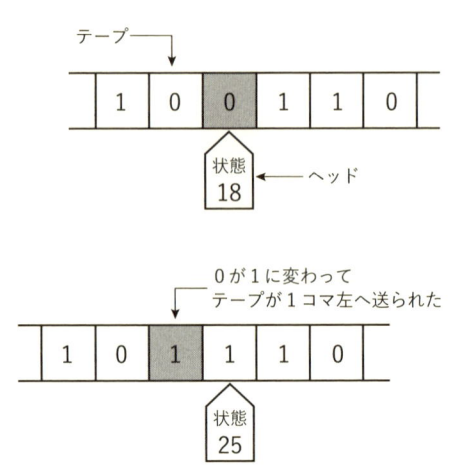

「状態18でマス目の中が0であれば、それを1に変え、テープを1コマ左へ
送り、状態25に切り替えよ」という命令を実行したチューリング・マシン。

で、彼はそれをa‐マシン（aはオートマティックの頭文字）と呼びましたが、じき
にチューリング・マシンの名で知られるようになります。彼は実際にそのマシ
ンを組み立てることは考えていませんでした。設計はわざと非常に基本的な形
にとどめられ、動作にものすごく時間がかかりそうでした。マシンは計算機の
純然たる数学的モデルで、これ以上単純化できない形だったのです。

　チューリング・マシンは正方形のマス目を持つ無限に長いテープとそれを読
み書きするヘッドからなり、テープのそれぞれのマス目には1が記されている
か、または0（つまり空白）が記されているかのどちらかです。ヘッドは一度に
ひとつのマス目をスキャンし、ヘッドの状態、マス目の内容、機能表（プログ
ラム）による“現在の命令”に基づいた行動を行います。命令の内容は、たとえ
ば「もしもヘッドの状態18でマス目の中が0であれば、それを1に変え、テー
プを1コマ左へ送り、状態25に切り替えよ」という具合です。

　最初にマシンのテープの各マス目に、1と0の組み合わせからなる、ある長
さの列（ビット列）が入力されます。読み書きヘッドは入力された最初のマス目
の上（たとえばテープ左端）に位置取りし、与えられた最初の命令を実行します。

ヘッドは命令リスト（すなわちプログラム）に従って順々に作業を行い、テープに最初に記されていた1と0の文字列を別の文字列に書き換えていって、やがて停止するまで続けます。マシンがこの最終状態に到達した時にテープ上に記されているのが、出力です。

　簡単な例として、n個並んだ1にさらに1個を足す、つまりnを$n+1$にすることを考えてみましょう。入力は、1がn個並んだ後に空白のマスが続きます（$n=0$の場合は単に空白のマスだけです）。読み書きヘッドへの最初の命令は、「空白ではない最初のマスからスタートせよ、または、テープ全体が完全な空白であれば、任意のマスからスタートせよ、そして、そのマスの内容を読め」とします。もしそのマスが1だったなら、「そこは変えず、同じ状態を保ったままひとつ右のマスに移動せよ」と命令し、もしマスが空白だったなら、「そのマスに1を書き込んで停止せよ」と命令します。ヘッドには、数字の列に1を書き終えたらその場に停止するようにも命令できますし、スタート位置に戻り、同じプロセスを繰り返してさらに1を足すよう命令することもできます。また、読み書きヘッドが最後の1の位置に来たら別の状態に移るようにして、そこから新しい行動プログラムを続けさせることも可能です。

　チューリング・マシンには、決して停止しないものや、特定の入力の場合に決して止まらないものもあります。たとえば、マス目の内容が何であっても右に移動するよう命令されているチューリング・マシンは決して止まりませんし、これが止まらないことは走らせる前から容易に予見できます。

　チューリングは次に、特定のタイプのチューリング・マシンを考えました。現在、万能チューリング・マシンと呼ばれているものです。このマシンは、理論的には、あらゆる実行可能なプログラムを走らせることができます。テープは2つの異なる部分で構成されており、片方の部分にはプログラムがコード化され、もう片方には入力が記録されます。万能チューリング・マシンの読み書きヘッドはこの2つの部分の間を動き、プログラムの命令を入力部の上で実行します。装置としては非常にシンプルで、実行すべきプログラムと入出力の両方を持つ無限の長さのテープと、読み書きヘッドで構成されています。実行できるのは、読む、書く、左へ動く、右へ動く、ヘッドの状態を変える、停止する、

というわずか6つの基本的作業だけです。ところが、これほど単純であるにもかかわらず、万能チューリング・マシンは驚くほど大きな能力を持っています。

あなたはおそらく、少なくとも1台はコンピューターを持っているでしょう。オペレーティングシステム (OS) は何でもかまいません——ウィンドウズのいずれかのバージョンでも、マックでも、アンドロイドでも、それ以外（たとえばリナックス）でも。メーカーは、自社のOSには他より優れたこんな特徴があると宣伝するのが常です。しかし、数学的な観点から言えば、十分なメモリと時間さえあれば、どのOSも同じです。それどころか、どのOSもみな万能チューリング・マシンと同等です。万能チューリング・マシンは一見するとあまりに単純でパワーがなさそうですが、（効率性は別として）能力に関しては現存するどのコンピューターとも違いがありません。

万能チューリング・マシンは、エミュレーション（模倣）と呼ばれる概念と結びついています。エミュレーションは、あるコンピューター上で別のコンピューターと同じ動作や機能ができるようにするプログラム（「エミュレーター」と呼ばれます）を走らせることができるなら、そのコンピューターは別のコンピューターを模倣できるという概念です。たとえばマックOSのコンピューターは、ウィンドウズのようにふるまうプログラムを実行できます——ただし膨大なメモリを使い、処理が遅くはなりますが。もしこうしたエミュレーションが可能なら、2台のコンピューターは数学的に同等です。

プログラマーなら、どんなコンピューターについても、特定のチューリング・マシン（万能チューリング・マシンを含む）を模倣するようなプログラムを容易に書くことができます——ただしこれも、際限なくメモリを使えるとすればの話です。さらに、万能チューリング・マシンは適切なエミュレーターを走らせることでどんなコンピューターをも模倣できます。要するに、すべてのコンピューターは十分なメモリさえ与えられれば同じプログラムを走らせることができる、ただ、その際にはシステムの構成に応じて特定の言語でコードを書く必要がある、ということです。

チューリングの最初の設計に従ってさまざまなチューリング・マシンが実際に作られています。主に工学の演習や、計算機の計算がどれほど単純に行われ

チューリングの素晴らしきマシン

アラン・チューリングが構想した形のチューリング・マシン。マイク・
デイヴィー製作。

るかを説明することが目的です。レゴを使って組み上げたものも多数あり、う
ち1台はレゴ・マインドストームNXT（小型コンピューター付きロボットを組み立
てられるレゴセット）1箱しか使っていません。一方で、米国ウィスコンシン州
の発明家マイク・デイヴィーが作った実用モデルは、「チューリングの論文に
書かれたマシンのクラシックな外見と雰囲気を体現」しており、カリフォルニ
ア州マウンテンビューのコンピューター歴史博物館に長期展示されています。

　チューリングが自身の巧妙なマシンを世に送り出した実際の目的は、前にも
述べたようにヒルベルトの決定問題の解決でした。ヒルベルトへの答となる論
文「計算可能数、ならびに決定問題へのその応用について」を彼が発表したの
は1936年のことです。万能チューリング・マシンは、任意の入力に対して停
止することもあればしないこともあります。チューリングは「停止するかどう
かの決定は可能か？」と問いを立てました。無限回数試して、何が起こるか見
るという手もあります。しかしその場合、あまりに長い時間がかかりすぎて途
中で続けるのをやめてしまうと、チューリング・マシンがそれ以降のどこかで
停止するのか、永遠に動き続けるのかを知ることはできません。もちろん、
ケースバイケースでチューリング・マシンが停止するかどうか評価できる場合
もあります。しかしチューリングが望んだのは、あらゆる入力について結

果──マシンが停止するか否か──を決定できるアルゴリズムが存在するかどうか知ることでした。これは停止問題として知られ、チューリングは、そのようなアルゴリズムが存在しないことを証明しました。彼は論文の最終章で、これは決定問題が決して解けないことを意味する、と示しました。どんなに巧緻なプログラムでも、すべての場合にそれ自身以外のプログラムが終了するかどうかは解明できないことが確実になったのです。

　チューリングの画期的論文が公表される1ヵ月前、チューリングの博士論文の指導教官だったアメリカの論理学者アロンゾ・チャーチも独自に論文を発表し、チューリングとはまったく異なるラムダ計算というアプローチで同じ結論に到達していました。関数を入力すると関数が出力されるような複雑な関数を扱いやすくするのがラムダ計算です。チューリング・マシンと同様にラムダ計算も計算の普遍的 (ユニバーサル) なモデルを提供しますが、ハードウェアの観点ではなく、プログラミング言語の観点に立脚しています。チャーチとチューリングは異なる方法で本質的に同じ結果にたどりついたことになり、この業績はチャーチ＝チューリングのテーゼとして知られています。テーゼの骨子は、人類が計算したり値を求めたりできるのは、(リソースの限界という些事を無視すれば) チューリング・マシンないしそれと同等の装置によって計算できるものに限られる、ということです。何かが "計算できる" とは、チューリング・マシンに入力として (2進法にコード化された) プログラムを与えれば、マシンが計算を行って最終的には出力として (同様にコード化された) 答えを出して停止することが可能だという意味です。チャーチ＝チューリングのテーゼが持つ意味の中核は、決定問題の一般的解決は不可能だという点です。

　チューリングがマシンを考案したのは数学の問題を解くためでしたが、彼は同時にデジタルコンピューターの青写真を見事に描いていたと言えます。現代のコンピューターはすべて基本的にチューリング・マシンと同じことをやっていますし、彼のコンセプトはコンピューターの命令セットとプログラミング言語の計算能力の測定にも使われています。テープ1本のチューリング・マシンを完全にシミュレートできるプログラミング言語は、チューリング完全と呼ばれ、望みうる最高の計算能力を持っていると言えます。

チューリングの素晴らしきマシン

　いまだに、チューリング・マシンにできる以上のことをやってのけられる計算手法を提示した人はひとりもいません。最近の量子コンピューターの進歩は、一見するとチューリング・マシンの能力を超える方法をもたらしそうに思えます。しかし実際は、普通の（従来型の）コンピューターでも（膨大な時間さえかければ）量子コンピューターを模倣できます。一部のタイプの問題に関しては、量子コンピューターは従来型コンピューターよりはるかに高効率で処理できるでしょう。しかし結局、量子コンピューターにできることはすべて、チューリングが構想したシンプルな装置でも行えるのです。そこからわかるのは、世の中には、「計算して、正しさが保証された一般的な解を得る」ことのできないものごと——個別の場合ごとの解は得られるかもしれないものの、普遍的な解は得られないものごと——が存在するということです。

　数学には、見たところチューリング・マシンとは似ても似つかないにもかかわらず、模倣によってチューリング・マシンと同等であると判明しているものがあります。その一例が、イギリスの数学者ジョン・コンウェイが考案した「ライフゲーム」です。ライフゲーム誕生のきっかけは、1940年代にアメリカの数学者でコンピューターの先駆者であるジョン・フォン・ノイマンが研究したある問題に、コンウェイが関心を持ったことでした。その問題とは、「自己とまったく同じコピーを生成させるような仮想的マシンを作ることは可能か」です。フォン・ノイマンは、正方形のマス目上で非常に複雑なルールを使えばそのようなマシンの数学的モデルを作れることを発見しました。もっと単純な方法で同じ結果を得られないかと考えたコンウェイが生み出したのが、ライフゲームです。コンウェイのゲームは、（理論上は）無限に続く正方形の格子上で行われます。格子のセル（マス目）は黒と白のどちらかの色をとります。黒いセルをいくつか配した出発点パターンを与えると、そのパターンは2つのルールに従って進化していきます。

1. 黒いセルは、そのセルの周囲を囲む8つのセルのうち2つか3つが黒ければ、黒いままとどまる。
2. 白いセルは、そのセルの周囲を囲む8つのセルのうち3つが黒いセルであれば、黒に変わる。

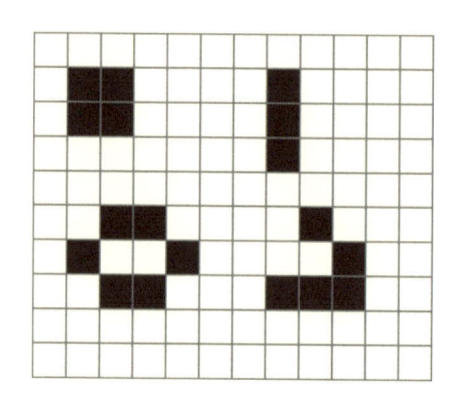

よく見られる4種類のライフパターン。左上の「ブロック」と左下の「蜂の巣」はどちらも“静止物”で、世代を重ねても同じ形のままとどまります。右上は「ブリンカー」という最も一般的な振動子（何世代か後に元の位置と形に戻るもの）のひとつで、この場合は垂直と水平の形が交互に現れます。右下は、「グライダー」というパターンです。

「グライダー」は4世代で斜め方向に1マス移動します。

　これですべてです。とはいえ、子供でも遊べるにもかかわらず、ライフゲームは万能チューリング・マシンの能力すべてを——従ってこれまでに作られたあらゆるコンピューターの持つ能力すべてを——備えています。コンウェイの考案した驚異のゲームが最初に広範な人々の注目を集めたのは、『サイエンティフィック・アメリカン』誌の1970年10月号でマーティン・ガードナーが数学ゲーム関連コラムのテーマとして取り上げた時でした。ガードナーはライフゲームの基本パターンのいくつかを読者に紹介しました。たとえば、「ブロック」という2×2マスの黒い四角形は、このゲームのルールでは決して変化しません。「ブリンカー」は1×3マスの黒い長方形で、中心のセルが固定された垂直と水平の2つの状態が交互に現れます。「グライダー」は5個の黒いセルからなる形で、4世代後に斜め方向にマス目ひとつ分移動します。

チューリングの素晴らしきマシン

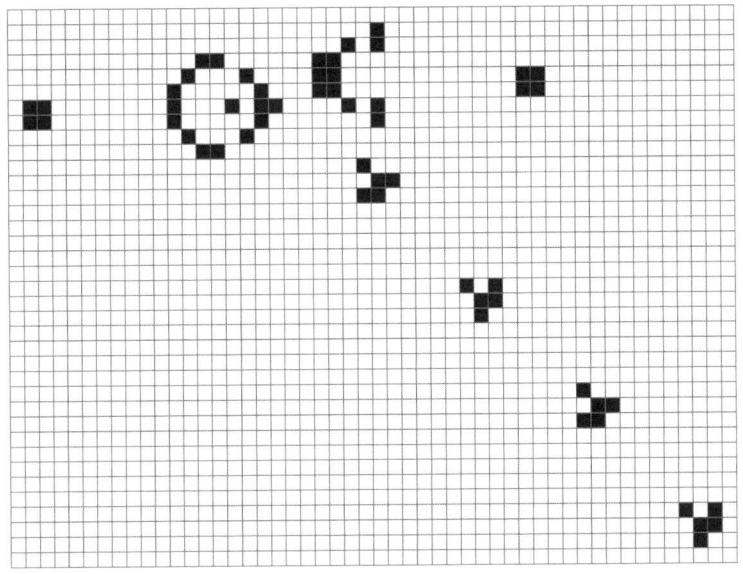

ゴスパーのグライダー銃から射出されたグライダー

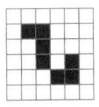

イーター

　コンウェイは当初、最初にどんなパターンを選んでもそれが無限に増え続けることはなく、すべてのパターンはやがて安定状態あるいは振動状態に行き着くか、さもなくば死滅すると考えていました。ガードナーの1970年のコラムの中で、コンウェイは自身のこの推測が正しいか誤りかを最初に証明した者に50ドルの賞金を出すと述べました。数週間のうちに、数学者兼プログラマーのビル・ゴスパー（ハッカーコミュニティー創設者のひとり）が率いるマサチューセッツ工科大学 (MIT) のチームが賞金を獲得しました。いわゆる「ゴスパーのグライダー銃」は、無限に続く反復活動の中で30世代ごとに1個のグライダーを射出します。その動きは見ていて引き込まれるだけでなく、理論的な観点からも極めて興味深いものです。ゴスパーの銃によって、ライフゲーム内でコンピューターを作ることが理論的に可能になりました。なぜなら、その銃から発

射されるグライダーの流れは、コンピューター内での電子にたとえることが可能だからです。ただし、現実のコンピューターでは実際に計算するために電子の流れを制御する必要があり、そこで論理ゲートの出番になります。

　論理ゲートは電子回路の構成部分で、1個以上の信号を入力として受け取り、1個の信号を出力します。1種類の論理ゲートだけを使ってコンピューターを作ることも可能ですが、3種類のゲートを使うと作業がずっと容易に進みます。3つのゲートとは、NOTとANDとORです。NOTゲートは、Low（電圧の低い）信号が1つだけ入力された時に限ってHigh（電圧の高い）信号を出力します。ANDゲートは、2つの入力がともにHigh信号だった場合に限ってHigh信号を出力します。ORゲートは、2つの入力のうち少なくとも片方がHigh信号だった場合にHigh信号を出力します。この3つのゲートを組み合わせて、データの処理と保存の両方ができる回路を作ることができます。

　無数の論理ゲートからなる回路は、チューリング・マシンのシミュレーションに使うことができます。そして、論理ゲートはライフゲームのパターンによって――特に、ゴスパーのグライダー銃の多様な組み合わせを使うことで――シミュレートが可能です。銃から射出されるグライダーの流れが「High」信号 (1) をあらわし、グライダーがない部分は「Low」信号 (0) をあらわします。ここで重要なのは、1個のグライダーは他のグライダーをブロックできる点です。というのも、2個のグライダーがしかるべきやり方で出合うと、互いに打ち消しあって消滅してしまうからです。パズルの最後のピースは、「イーター」と呼ばれる、7個の黒いセルから成る単純な形です。イーターは過剰なグライダーを飲み込んで、グライダーが他の部分を混乱させるのを防ぎつつ、イーター自身の形は変えません。ゴスパーのグライダー銃とイーターを組み合わせるだけで、多様な論理ゲートのシミュレートができ、それらをひとつにまとめることで完全なチューリング・マシンのシミュレートが可能です。ですから、驚くべきことに、世界で最も高性能なスーパーコンピューターにできて、ライフゲームでは計算できないことは、ひとつもないのです（十分な時間さえあれば、という条件は付きます）。ライフゲームの任意のパターンが将来どう変化していくかを予測するプログラムを書くことは不可能です。そのようなプロ

グラムが書けたら、停止問題を解決できてしまいますから。ライフゲームは、ライフ（生命）それ自体と同様に、予測不可能で驚きに満ちています。

　現代の計算理論はチューリングの着想の上に築かれていますが、現在では、チューリングが考えていなかった別の概念をも包含しています。1936年の有名な論文では、チューリングの関心はアルゴリズムの存在のみに向けられていて、アルゴリズムの効率は意識の外でした。しかし実際のところ私たちは、アルゴリズムを高速にしたいと望みます。そうすればコンピューターが可能な限り速く問題を解けるからです。2つのアルゴリズムが同値である——つまり、どちらも同じ問題を解ける——として、答えを出すまでの所要時間が片方は1秒、もう片方は100万年だとしたら、私たちは間違いなく前者を選びます。アルゴリズムの速度を数値化する際に厄介なのは、ハードウェアとソフトウェアの両方で多くの要因が関係していることです。たとえば、同じ命令セットでも、異なるプログラミング言語を使うと処理速度が変わることがあります。計算機科学者は一般に、入力のサイズ（n）と比較した速度の定量化に「ビッグオー（Big O）」記法を使います。OはOrder（「度合い、程度」といった意味）に由来する記号です。あるプログラムがnのオーダー——すなわち$O(n)$の計算時間で実行されるという場合、それはプログラムの実行にかかる時間が入力のサイズにだいたい比例することを意味します。たとえば、2つの数字を10進表記法で足す計算はこれにあたります。けれども、2つの数字の掛け算だと、もっと長い時間——$O(n^2)$——を要します。

　nのオーダー、n^2のオーダー、あるいはこれらを組み合わせたn^2+nのオーダーでプログラムが実行される場合、そのプログラムは「多項式時間」で実行されるといいます。数や文字を掛け合わせただけの式が単項式（$3x^2$、n^2など）、単項式を足し算や引き算でつなげた式が多項式（$5x^3 + 6x^2 - 2x + 1$など）です。多項式時間とは、多項式で表される計算時間のことです。プログラムが「多項式時間」で実行される場合、それは、プログラムに入力するデータのサイズが増えると、その計算時間が、多項式時間で増えることを意味します。これは一般的に、たいていの目的に関して十分な速度だと考えられています。もちろん、指数が巨大であれば——たとえば100乗などであれば——プログラムは非常に

長時間走ることになるでしょうが、そういうことはめったにありません。かなり大きな指数を持つ多項式時間のアルゴリズムの例としては、ある数が素数かどうかの判定に使われるアグラワル＝カヤル＝サクセナ（AKS）アルゴリズムがあります。これは $O(n^{12})$ という計算時間がかかるため、たいていの場合は別のアルゴリズムが使われます。すでに素数だと判定されている数に関してはAKSアルゴリズムよりも速いアルゴリズムが知られているからです。けれども、新しい巨大な素数を捜す際には、多項式時間のAKSアルゴリズムが真価を発揮します。

　n桁のとある数が素数かどうかを判断するため、ものすごく単純なアプローチを使うと仮定しましょう。そのアプローチは、2から始めて問題の数の平方根まで、ひとつひとつ順に「それで問題の数が割りきれるか」を試していく方法です。偶数はスキップするといった近道はいくつか取れますが、それでもこの方法で素数かどうかを調べるには、$O(\sqrt{10^n})$、つまりおよそ $O(3^n)$ の計算時間が必要です。べき乗であらわされる数の指数部分が変数になっているこのようなものを「指数時間」といい、nが比較的小さい時にはコンピューターを使って処理できます。この方法を使い、1桁のとある数が素数かどうかを調べてみましょう。手順は3ステップなので、1秒に計算できるステップ数が1000兆（典型的なスーパーコンピューターの処理速度）だとすると、所要時間は3フェムト秒（フェムト秒は1000兆分の1秒）です。調査対象の数が10桁だと調べ終わるまでに60ピコ秒（ピコ秒は1兆分の1秒）かかり、20桁だと3.5マイクロ秒（マイクロ秒は100万分の1秒）かかります。しかし、指数時間で計算させていくとプログラムはやがて泥沼にはまります。70桁の数字を上述の原始的方法で調べた場合にはチェック終了までに約 2.5×10^{18}（250京）秒という膨大な時間がかかる計算になりますが、これは宇宙誕生から現在までよりもはるかに長い時間です。それを避けたい場合に、高速のアルゴリズムの存在価値があるのです。

　AKSに似た方法を使い、入力サイズの12乗の時間がかかると仮定すると、70桁の数字が素数か否か判定されるまでの時間はたった1400万秒、およそ160日です。高速コンピューターの稼働としてはかなりの長時間ですが、指数時間アルゴリズムを使った場合の宇宙の年齢以上という長さに比べれば一瞬で

す。多項式時間アルゴリズムは現実の中で実用的に使えることも使えないこともありますが、指数時間アルゴリズムの方は大きな入力を扱う場合およそ実用的ではありません。幸い、このふたつの間にも幅広いアルゴリズムがあり、多項式時間に近い計算時間のアルゴリズムが十分実用的に働く場合がしばしばあります。

　ここまでに見てきたいくつかのチューリング・マシンには、ひとつ重要な共通点があります。それは、マシンにやるべきことを命令するルールのリスト——アルゴリズム——は、どのような状況の場合でも、たった1つの行動を命じているという点です。こうしたチューリング・マシンは決定性チューリング・マシン（DTM）と呼ばれます。DTMは命令を受けると機械的にそれに従います。2つの異なる命令から「選択する」ことはできません。けれども、それとは違う非決定性チューリング・マシン（NTM）を考えることもできます。NTMは読み書きヘッドが任意の状態で、テープのマス目に任意の入力が与えられている時に、実行すべき命令を2つ以上実行することができます。NTMは純然たる思考実験で、実際に作ることは不可能だとされています。たとえば、NTMが「状態19で"1"があれば、それを"0"に変えて右へ1つ移動せよ」という命令と、「状態19で"1"があれば、それは変えずに左へ1つ移動せよ」という命令の両方をプログラムされていたとします。この場合、マシンの内部状態とテープ上で読み取られる記号からは、明確には行動が決まりません。すると、「マシンはどちらの行動を取るべきか、どうやって知るのか？」という問題が生じます。

　NTMは問題を解くためのすべての可能性を探索し、最終的にどちらが正しい答えなのか（仮にどちらか片方が正しいのであれば）を選びます。これに関するひとつの考え方は、NTMは驚くほどあてずっぽうがまぐれ当たりする機械で、常に正しい解を選ぶというものです。もうひとつは——こちらの方が理にかなっています——、NTMは稼働するにつれて計算能力を獲得する機械であり、計算のそれぞれのステップで与えられるすべての入力は、処理するのにそのひとつ前のステップより長い時間はかからない、とする考え方です。たとえば、与えられた課題が二分木——結節点（ノード）ごとにデータが2つに分岐してい

る配置構造——の探索だとします。探索の目的は、ある決まった数（仮に358としましょう）を見つけることだとすると、マシンはその数値に出会うまで、二分木上で可能なルートをすべてたどる必要があります。通常のチューリング・マシン（DTM）は二分木の中で通行可能な経路を1本ずつ順に下っていき、目的の数字に出会うまでそれを続けなければなりません。分岐した枝の数は指数関数的に増加する（レベルがひとつ下にいくごとに2倍になる）ので、358を含む結節点を突き止めるまでにかかる時間は（その結節点が二分木のあまり下方でない場所にあるという幸運に恵まれない限り）絶望的なほど長くなることでしょう。ところが、NTMが利用できると状況は劇的に変わります。二分木の各レベルに到達するたびにNTMは処理速度を2倍に上げると考えられるので、木のどのレベルでも（結節点がどんなに多くても）探索にかかる時間は同じです。

　原則として、NTMにできることはすべて十分な時間さえかければDTMにもできます。しかしその「十分な時間」が落とし穴です。DTMでは指数時間を必要とする作業を、NTMは多項式時間の中で行うことができます。現実にNTMを作れないのはまったく残念です。しかし、空想上のこのコンピューターのおかげで私たちができるようになることがあります。それは、計算機科学のみならず数学全体における未解決の大問題のひとつ、いわゆる「P対NP問題」に取り組めることです。この問題を「おそらく正しく解決した」と認められた最初の研究者には、クレイ数学研究所から100万ドルの懸賞金が贈られることになっています。PとNPというのは、複雑さの度合いの異なる問題を分類したクラス（集合の集まり）それぞれに与えられた名前です。クラスP（Pは Polynomial＝多項式の頭文字）に属する問題は、通常の（決定性の）チューリング・マシンを多項式時間で走らせるアルゴリズムで解くことができます。クラスNP（非決定性多項式）の問題は、しらみつぶしに答えを探すしかありませんが、もしNTMを使えば多項式時間でどう解けばよいかがわかっている問題です。（そうした問題の一例に、大きな数の因数分解があります。NTMは多項式時間の中で「正しい」因数を求めて二分木全体を迅速に探索しますが、DTMは個々の枝を1本1本探索していくので指数時間がかかります。）これはつまり、Pに含まれるすべての問題はNPでもあることを意味します。なぜなら、NTMは通常のチューリング・

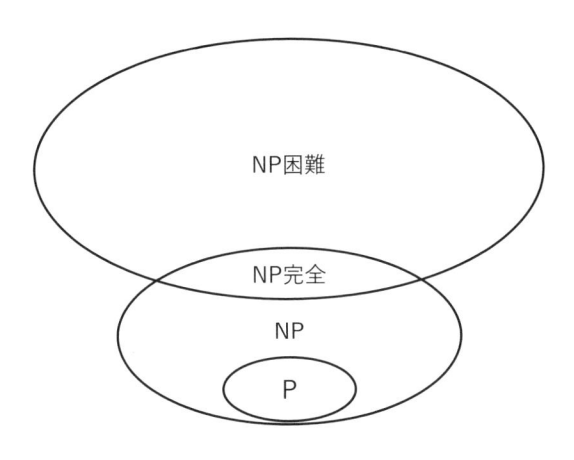

P、NP、NP完全、NP困難の関係

マシンにできることなら何でも同じ時間でやってのけられるからです。
NPはスーパーパワーを持つチューリング・マシン——まぐれ当たりの途方も
ない能力に恵まれるか極度に高速にすることで拡張されたマシン——でなけ
れば扱いにくい問題を含んでいるため、NPの方がPよりも大きな集合だと推
測するのは理にかなっているように見えます。とはいえ、おそらく「NTMに
できることがすべて通常のDTMで行えるわけではない」だろうと考えられて
はいるものの、現時点ではそれは証明されていません。数学者にとって、合理
的な推測と確実な証明はまったく別の世界の話です。PとNPが等しくないと
いう証明がなされない限り、誰かがPとNPが等しいと証明する可能性は残っ
ています。そのため、この問題はP対NP問題と呼ばれているのです。懸賞金
100万ドルはかなりの金額ですが、いったいどうすればすべてのNP問題がP
である（あるいはそうではない）と証明できるのでしょう？　わずかな希望の光
は、NPに含まれるある種の問題のうちNP完全（クラスNPに属するすべての問
題を、多項式時間で変形できる別の問題）と言われるものの存在です。NP完全な
問題が驚異的なのは、もしもあるひとつのNP完全な問題において、多項式時
間で解けるアルゴリズムが見つかれば、NPのあらゆる問題を多項式時間で解
けるアルゴリズムが存在することになるからです。その場合、P = NPが真と

なります。

　最初にNP完全な問題を発見したのはアメリカとカナダで活躍する計算機科学者・数学者のスティーヴン・クックで、1971年のことでした。このNP完全な問題は、充足可能性問題（SAT）として知られます。SATは、論理ゲートで表現することができます。任意の多数の論理ゲートと入力（ただしフィードバックはなし）が、正確に1つの値を出力する回路を構成するところからスタートします。次に、この出力をオンに変えられる入力の組み合わせが存在するかどうかを問います。系全体への入力として可能な組み合わせすべてをテストすることで、原則的に必ず1つの解が見つかりますが、これでは指数時間アルゴリズムと同じことになります。P＝NPを示すには、同じ解を得られるもっと高速の方法——多項式時間アルゴリズム——を提示する必要があります。

　SATは最初にNP完全であることが示された問題でしたが、最も有名なNP完全問題ではありません。知名度が最も高いNP完全な問題は、ハミルトン閉路問題です。これは有名な巡回セールスマン問題の特殊な例です。巡回セールスマン問題は19世紀半ばに起源を持ちます。1832年に刊行された巡回セールスマン用の手引書に、ドイツとスイスの都市を最も効率よく回る方法が取り上げられています。その10〜20年ほど後に、この特殊な例としてハミルトン閉路問題を扱った最初の学術論文がアイルランドの物理学者・数学者ウィリアム・ハミルトンと英国国教会の聖職者で数学者でもあったトマス・カークマンによって発表されました。セールスマンが多くの都市を回らねばならず、各都市間の距離（必ずしも直線距離でなくてもよい）がわかっているとします。すべての都市を1度だけ訪問して出発地に戻るルートを見つけるのが課題です。このハミルトン閉路問題がNP完全である（つまり、この問題のための多項式時間アルゴリズムが見つかればP＝NPが証明される）ことが明示されたのはようやく1972年になってからでした。これにより、何世代もの数学者が（コンピューターを使ってさえ）複雑なルートの中から最適解を見つけるのに手こずっている理由が明らかになりました。

　ハミルトン閉路問題は理解しやすいのですが、これを解くのは他のNP完全問題に負けず劣らず困難です。NP完全問題はどれも同じくらい難しいのです。

世の数学者たちは、NP完全な問題のいずれかに対する多項式時間アルゴリズムを見つけられればそれがP＝NPの証明になるという事実を前に、手が届きそうで届かない、じりじりとした気分にさせられています。もしもその証明ができれば、影響は甚大でしょう。たとえば、RSA暗号——後で詳しく説明しますが、私たちが銀行取引などで日常的に頼りにしている暗号方式です——を破る多項式時間アルゴリズムがあるということになります。しかし、P＝NPの証明はおそらく不可能だろうと考えられています。

　非決定性チューリング・マシンは想像の中にしか存在しませんが、それとは別の計算機でやはり極めて高性能になると予想されている量子コンピューターは、すでに開発の初期段階にあります。名前からもうかがわれるように、このコンピューターは量子レベルの非常に奇妙なふるまいを利用しており、これまでのようなビット（2進数）ではなく量子ビットで動作します。量子ビットは、量子効果によって、従来のコンピューターのビットにはない特性を2つ備えています。まず、量子ビットは状態の重ね合わせができます。従来の1か0かを表すコンピューターのビットとは違い、量子ビットは同時に1でもあり0でもある状態を取ることができ、観察された時にはじめて1か0のどちらかになるのです。たとえて言うなら、量子コンピューターは並行して存在している別の宇宙に分身があり、片方のコンピューターにはビット1、もう片方にはビット0を持っているとも言えます。量子ビットは観察された時にはじめて特定の値と結びつきます。量子コンピューターが立脚する第2の奇妙な特性は、「もつれ（エンタングルメント）」です。もつれた2個の量子ビットは、空間的には離れているにもかかわらず「不気味な遠隔作用」と呼ばれる作用でつながっており、片方を測定すると即座にもう片方の測定値に影響が及びます。

　量子コンピューターは計算機としてはチューリング・マシンと同じです。しかし、これまでに見てきたように、（十分な時間があれば）何かを計算できることと、それを効率よく計算できることは違います。量子コンピューターにできること（あるいは将来できるようになること）はすべて、古典的な紙テープ式チューリング・マシンでも可能ですが、数億年あるいはそれ以上の長い時間がかかってしまいます。効率性は、「できるかどうか」とはまったく別の問題です。何

量子コンピューター試作機の前で作業をするヴィンフリード・ヘンジンガー教授（左）とゼバスチャン・ヴァイト博士。

を計算できるかについていえば量子コンピューターの能力はチューリングが最初に設計したマシンと同じですが、問題のタイプによっては、量子コンピューターは従来型のコンピューターの何倍も速く答を出すと考えられています。

　量子コンピューターは非決定性チューリング・マシン（NTM）と同じだと考えたくなるかもしれませんが、それは違います。コンピューターとしてはたしかに両者は同等です。なぜなら、コンピューターとして何ができるかの点で、非決定性チューリング・マシンは決定性チューリング・マシン（DTM）を超えることはできないからです（DTMをプログラムして、NTMをシミュレートすることが可能です）。しかし、効率性の点では量子コンピューターはNTMより劣るのではないかと見られています。驚くにはあたりません——NTMは完全に想像上の装置なのですから。特に、量子コンピューターがNP完全な問題を多項式時間で解けるかどうかは、（まだこれからの話であるとはいえ）「どうも無理なのではないか」と思われます。これまでに量子コンピューターを使って多項式時間で解かれた問題のひとつは大きな数の素因数分解です。素因数分解がNP完全かどうかまだ明らかではないものの、NPではあるので、これまでは（P＝NPは偽であると仮定すれば）多項式時間でこれを解くことは不可能だと考えられ

ていました。1994年にアメリカの応用数学者ピーター・ショアは、この素因数分解問題の特殊な性質を利用する量子アルゴリズムを発見しましたが、残念ながら、類似のテクニックを他の問題 (たとえばNP完全だと知られている問題) に適用することはできません。NP完全なある問題を量子コンピューティングで解くための多項式時間アルゴリズムがもしも存在するとすれば、それぞれの問題に特有の解決方法を考えなければならないでしょう。

　量子コンピューターは、他の多くの新技術と同様に、希望と頭痛の種の両方をもたらします。頭痛の種のひとつは、これまで高度な安全性が確保されていると考えられてきた暗号を破ってしまう恐れです。なぜ安全性が高いと考えられていたかといえば、過去数十年の研究で、多項式時間でその暗号を解読する方法を誰も見いだせなかったからです。現代の暗号化方法は、開発者3名 (ロン・リヴェスト、アディ・シャミア、レナード・エイドルマン) の頭文字を並べたRSAと呼ばれるアルゴリズムに基づいています。RSAアルゴリズムを使えば、データを非常に高速に、かつ繰り返し暗号化することが可能で、オンラインでデータのやりとりをする間じゅう毎秒毎秒休まずに実行されます。一方、暗号解読のためにRSAを逆方向に使うと極端に速度が遅くなり、特別な情報が提供されない限り指数時間が必要です。この "速度の非対称性" と "特別な情報の必要性" によって、RSAは高い効率を誇っています。RSA方式では、システムの使用者それぞれが公開鍵と秘密鍵という2つの鍵を所持します。公開鍵は暗号化を可能にし、誰でも知ることができます。秘密鍵は解読を可能にし、鍵の持ち主しか知りません。公開鍵を使ってメッセージにアルゴリズムを適用すればよいだけなので、容易に送付できます。しかし、メッセージを読めるのは秘密鍵を知っている受取人だけです。公開鍵から秘密鍵を突き止めることは理論的には可能ですが、何百桁もある巨大な数を素因数分解できるかどうかにかかっています。鍵のサイズが十分に大きければ、世界中のコンピューターを協働させたとしても、毎日の金融取引や極秘文書のやりとりの中で送られるメッセージを解読するのに宇宙の年齢以上の時間がかかってしまいます。ところが、量子コンピューターはこれを全部ひっくり返してしまう恐れがあるのです。

　2001年に、多項式時間で素因数分解を行う方法のひとつであるショアのア

ルゴリズムを使い、7量子ビットの量子コンピューターで15を3×5に素因数分解することが実現されました。10年後には同じ方法で21が素因数分解されました。どちらの計算も、九九を知っている子供なら誰でもすぐに答えられる問題ですから、滑稽なほどつまらないと思われるかもしれません。しかし2014年に別の量子コンピューティング手法を用いて、もっと大きな数の素因数分解が行われました。その際に素因数分解された最大の数字は56153でした。これも、数百桁の数の素因数分解と比べればたいしたことはなさそうに見えるかもしれません。けれども量子コンピューターの量子ビット数がどんどん増えつつあることを考えれば、すべてのRSA暗号を効率よく破ってしまうのは時間の問題です。もしもそうなれば、現行のオンライン取引方法は安全ではなくなり、金融業界だけでなく、現代社会でデータ転送の安全性に依存しているあらゆる側面が大混乱に陥ることでしょう。おそらく新しい暗号システムの開発が可能になるだろうとは考えられます。新しい暗号はNP困難な問題——必ずしもクラスNPに含まれていないものの、少なくともNP完全な問題と同じくらい難しい問題——に基づくものとなるでしょう。NP完全な問題は、最悪の場合非常に解くのが難しいのですが、良いアルゴリズムがみつかることも多くあります。それらによる暗号化方法は概して破るのが簡単ですが、非常に突破しにくいものができる可能性もわずかながら存在します。必要なのは、ほとんどの場合に極度に解読が難しく、破るのに指数時間がかかるような暗号です。可能性としてはあるのですが、いまだにそうした暗号化方法は発見されていません。もし量子コンピューターがNP完全な問題を（つまりNP困難な問題も）破れないのであれば、何かひとつそうした暗号化手法が見つかれば私たちは再びセキュリティーを確保できます——少なくともしばらくの間は。

　大部分の計算機科学者は、P ≠ NP なのではないかと考えています。この説に賛成する人が多いのは、過去数十年にわたって既知の主なNP完全問題3000問以上を多項式時間で解けるアルゴリズムを捜す努力が続けられていながら、たったひとつも発見されていないからです。しかし、まだ発見できないというだけでは根拠が不十分です。単純な言葉で示されていながら多くの人々の計り知れぬ努力と最新の解法が必要だったフェルマーの最終定理が予想外の証明を

見た例もあります。また、純粋に哲学的根拠からも、P ≠ NPという考え方に特に説得力があるわけではありません。MITの理論計算機科学者スコット・アーロンソンは、「もしもP ＝ NPならば、世界はわれわれが考えているのとは大きく違う場所になるだろう。ひとたびP ＝ NPが証明されたら、"創造的飛躍"に価値はなくなり、問題を解くことと解法に気づくことの間の根本的ギャップはなくなるだろう」と言っています。そして、数学も科学も私たちの知性による世界観を一夜にしてひっくり返し作り変える力を持つことは、これまでの歴史が示しています。仮にP ＝ NPが証明されたとして、最初のうちは実際上のインパクトは小さいと考えられます。証明が存在しても、それは非構成的 (間接的な証明) である可能性が高いからです。言い換えると、証明によってNP完全な問題に多項式時間アルゴリズムが存在することが示されたとしても、実際のアルゴリズムが提示されるわけではないということです。少なくともしばらくの間は、暗号化されたデータは安全なままでしょう。ただ、そうしたアルゴリズムを捜す数学的努力が大々的に開始されたら、「しばらくの間」がどのくらいの期間になるのか誰にもわかりません。

いずれにしても、P 対NP問題の何らかの進展や効率の高いアルゴリズムの開発によって私たちのデータの安全性が脅かされるより前に、量子力学が助けに来てくれる可能性はあります。量子暗号の分野で、どんな解読技術を使っても絶対に破ることのできない暗号が生み出されるかもしれません。真に解読不能な暗号の例として、1886年に開発された「ワンタイムパッド」という次のような手法があります。まず、英語のメッセージならばA ＝ 1、B ＝ 2という具合にアルファベットそれぞれを数字に置き換えます。次に、あらかじめ暗号化と復号化に使う鍵として用意しておいたメッセージ本文と同じ長さの文字列も同じ方法で数字に置き換えます。そして、数字に置き換えたメッセージ本文と鍵を上下に並べて対応する数字を足し、もし和が26を超えたら26を引きます。こうして暗号化は終わりです。暗号の受け手は同じ鍵を使って、暗号化された数字を再び文字に変換します〔ワンタイムパッドの暗号化とその解読にはもう少し複雑な手続きが必要です〕。鍵を1回限りの使い捨てにすれば、この方法は絶対に破られないことが証明されています。仮にありとあらゆる組み合わせを試して解

読しようとしても、正しいメッセージが何なのか特定することはできません。ただし、この方式は一度使った鍵を必ず破棄することが前提です。再利用してそのことが何者かに知れると、その何者かが最初のメッセージと再利用された暗号メッセージの両方を入手すれば解読できてしまいます。また、鍵の交換は秘密裏に行う必要があります。安全性が確保されているはずのメッセージも、他者が鍵を入手できたらたちまち解読されます。ワンタイムパッドはかつてソ連のスパイが使用し、鍵は完全に破棄できるよう非常に燃えやすく灰が残らない紙を使った小さな帳面に書かれていました。今でも、米国とロシアの大統領同士のホットラインで使われています。しかし、鍵を秘密裏かつ安全に交換する必要があることが大きなネックとなって、この手法はオンライン取引をはじめほとんどの目的には実用上適しません。

　量子力学はこうしたことをすべて変える力を持っています。量子力学を用いた暗号システムは、光子が持つ「偏光」という性質を利用し、それを測定することで偏光に影響を与えるという事実に立脚しています（偏光は、特定の方向に振動する光のことです）。偏光を、暗号を解読するための鍵の伝達に利用するのです。ここで重要なのは、偏光板によって一度ある向きに偏光された光は、一度目と同じ向きの偏光板を素通りできるという事実です。測定には、直交偏光板と対角偏光板と呼ばれる2つのタイプのフィルターが使われます。光が垂直方向または水平方向に偏光していた場合、その光は直交偏光板を通り抜けて偏光の向きを維持します。それ以外の向きの偏光の場合、光はやはりフィルターを通り抜けるものの、偏光が垂直か水平のどちらかに変化します。対角偏光板では、仕組みは同様ですが、水平と垂直の間の対角方向（45度と135度）に振動をする偏光が維持されます。これにあと2枚の偏光板を構成要素として加えると、暗号化システムができあがります。そのうち1枚は直交偏光板を通り抜けた光が水平と垂直のどちらの偏光かを調べ、もう1枚は対角偏光板を通り抜けた光について、どちらの向きなのか（45度か135度か）を調べます。

　ワンタイムパッドの鍵として使うため、乱数からなる2種類の要素（0か1、オンかオフなど）である乱数ビットを送る場合を考えてみましょう。垂直、水平、45度、135度の偏光板に通して光子を送り、どの偏光板を使ったか記録します。

チューリングの素晴らしきマシン

　暗号の受け手は、直交偏光板か対角偏光板に光を通した後、垂直、水平、45度、135度のどちらの向きかを記録します。一定の回数、送受信を繰り返した後、送り手は、垂直か水平の偏光板を使った場合は直交偏光板を、45度か135度の偏光板を使った場合は対角偏光板を使ったと受け手に報告します。受け手も、自分が各回に直交偏光板を使ったのか、対角偏光板を使ったのかを送り手に伝えます。もし両者が使った偏光板が一致すれば、その乱数ビットをワンタイムパッドの暗号として使うために保存します。一致しない場合には（送り手が記録した偏光と異なる偏光を受け手が記録している可能性があるので）ビットは破棄されます。"盗聴" するためには偏光板を使う必要がありますが、受け取った偏光の向きと同じ偏光の向きを保ったまま送信しないと盗聴行為が明らかになってしまうので、盗聴者は送り手がどの偏光板を使ったかあらかじめ知っておく必要があります。ところが、正式な暗号の受け手と同じように盗聴者にも光子がシステムを通過し終えるまでどちらの偏光板が使われたのかがわかりませんし、わかった時点ではもう光子の測定はできません。さらに、盗聴者が測定することによって一定の確率で偏光が変わるため、送り手と受け手は、十分なビットを得た後でその一部分を比較し、盗聴の有無を確認できます。比較したビットがすべて一致したらその回線は安全だと考えられ、残りのビットはワンタイムパッドとして安心して使うことができます。一致しない場合は盗聴者の存在を示しているので、すべてのビットを使用不能として放棄します。このように、量子暗号はワンタイムパッドを盗聴者から守れるだけでなく、従来の暗号ではなしえなかった「盗聴行為を検知する能力」も持つことができるのです。

　現在、量子コンピューティングは急速に進歩しています。2017年にサセックス大学の物理学者たちは将来の大型量子コンピューター建造計画を発表し、その設計を誰でも自由に利用できるようにしました。サセックス大学の設計図は、これまでに10～15量子ビット以上の装置を作ろうとした際に失敗の原因になったデコヒーレンス（複数の値を同時に取り得る「重ね合わせ」と呼ばれる量子力学的な状態が外的要因によって壊れ、情報が失われる現象）と呼ばれる問題の回避方法を示しています。また、さらに多くの量子ビットを備えた強力な量子コンピューターの実現に役立ついくつかの技術についても述べています。そこには

たとえば、室温でイオン（電荷を持つ原子）をトラップ装置で捕捉して量子ビットとして利用することや、システムのあるモジュールから別のモジュールへイオンを移動させるための電場の使用、マイクロ波と電圧変化によって制御される論理ゲートなどが含まれています。サセックス大学のチームは、この論文に続いて小型の量子コンピューター試作機を作ろうとしています。一方で、グーグルやマイクロソフトのような大手からIonQのようなスタートアップ企業までの他集団は、イオントラップ・アプローチ、超電導、（マイクロソフトの）トポロジカル量子コンピューティングと呼ばれる設計など、それぞれ独自の方式を追求しています。IBMは50量子ビットの量子コンピューターを「数年以内に」発売すると公表し、科学者たちはすでに数百万〜数十億量子ビットの装置の実現を視野に入れています。

　もしチューリングが現代に生きていたら、間違いなく計算機科学の最先端で活躍し、おそらくは量子コンピューターの理論的研究に携わっていることでしょう。彼の人生に影を落とし早すぎる死の原因となった性的指向も、今なら糾弾されずにすむでしょう。しかし彼は、今の時代でも変わらないものをひとつ目にするはずです。不変なもの——それは、驚くほど単純でありながらまったく驚異的なあのチューリング・マシンによって彼が開発に大きく貢献した、アルゴリズムと計算万能性の概念です。

第**6**章

天球の音楽

> 音楽は感覚の数学であり、数学は理性の音楽と言えないだろうか？ 音楽家は数学を感じ、数学者は音楽を思考する。音楽は夢を、数学は現実世界を。
> ──ジェイムズ・ジョゼフ・シルヴェスター

音楽はその本質的な部分で数学的です。数学はよく、別々の世界の知的生命体同士がお互いに意思を伝え合う際に第一の手段として使うことのできる普遍的言語だと言われます。しかし、普遍的という称号は音楽にもふさわしいでしょう。実際、人類はこれまでに宇宙へ向けていくつかの音楽を送っています──どこかの星の誰かがそれを捉え、その音楽を作った生物について何かを理解してくれることを願って。

　1977年9月5日に打ち上げられた宇宙探査機ボイジャー1号は、太陽圏から星間空間へと出て行った最初の人工物です。木星と土星の近くを通過した後に太陽系の外を目指し、2012年にヘリオポーズ（太陽風の影響域が終わり、その外側の銀河が始まる境界部分）を越えました。同じ年に打ち上げられた姉妹機のボイジャー2号も、別の方向の星間空間へ向けて飛行中です。どちらの探査機も地球との交信を保ち、徐々に弱まりつつある電力の許す範囲で何種類かの科学調査を行ってデータを送ってきていますが、予見できる範囲の未来に他の星系と接近遭遇する予定はありません。遥かなる星間空間の距離に対して探査機の速度は遅すぎるので、仮に太陽系から一番近い恒星であるプロキシマ・ケンタウリをまっすぐ目指したとしても（実際はそうではありません）、到着までに何万年もかかります。

　NASAの現在の推定によれば、今からおよそ4万年後にボイジャー1号はグ

ボイジャーのゴールデンレコード

リーゼ445という恒星から1.6光年の位置に、ボイジャー2号はロス248という恒星から1.7光年の位置に到達する予定です。宇宙の彼方でのこの接近遭遇の頃には、どちらの探査機もとうに機能停止しているでしょう。しかし構造物としてのボイジャーは何百万年もその形をとどめ、天の川銀河（銀河系）の中を漂流し続けて、もしかしたらいつの日か高度に進化した種族に発見されるかもしれません。そして、発見者たちの「これは誰が作り、どこから来たのだろう」という興味をかきたてることでしょう。そのごくわずかな出会いの可能性に備えて、2機のボイジャーには銅に金めっきを施したレコード盤が搭載され、そこには地球の多様な生物、環境、人類の文化を伝えるための音と図が記録されています。ボイジャーのゴールデンレコードには、116枚の画像、自然界のさまざまな音、57の言語による挨拶の言葉に加えて、ストラヴィンスキーの「春の祭典」、インドネシアのガムラン演奏、バッハのブランデンブルク協奏曲第2番、チャック・ベリーの「ジョニー・B・グッド」といった、時代や地域の異なる音楽が合わせて90分収録されています。レコードを聴くためのレコード針と、記号化された「聴き方の手引き」も付されています。しかし、エイリアンが2枚のゴールデンレコードのどちらかを見つけ、人類の意図したとおりに再生できたとして、問題は彼らが「これが何であるか」を認識できるかどうかです。それと同じように、もしもエイリアンの音楽が私たちの耳に届いたとし

て、私たちはそれを音楽的だと感じられるでしょうか？

　著者の片方（デイヴィッド）はシンガーソングライターでもあり、科学と音楽を組み合わせて旋律に乗せた「ダークエネルギー」（アルバム『宇宙の歌（*Songs of the Cosmos*）』収録）などの曲があります。こうした"科学の香りがする歌"が存在するだけでなく、そもそも音楽の成り立ちの土台には科学があり、音符と音階構造の関係に深く根差した形で数学がかかわっています。

　音楽と数学の深い関係に最初に気付いたのは古代ギリシャ人でした。紀元前6世紀の数学者・哲学者ピタゴラスとその弟子たちは「万物は数なり」という信仰を核とした教団を作り、特に整数を重視しました。1から10までの数は独自の重要性と意味を持つとされ（たとえば、1は他のすべての数を生み出す元、2は感覚知、3は調和、という具合）、特に10は最初の4つの正の整数である1、2、3、4からなる三角数（正三角形の形に点を並べた時の点の総数）であることから最も重要で、「テトラクテュス（*tetraktys*）」と呼ばれました。彼らは、偶数は女性で奇数は男性だと考えていました。音楽の分野では、ピタゴラス学派はハーモニーがとりわけ美しい音程が整数比と関係していることを発見して大いに喜びました。彼らが知的な面で特段に尊重したのと同じ数が、どんな音の組み合わせが最も耳に心地よいかを単純な比の形で決定していたのですから。振動している弦のちょうど真ん中を押さえて鳴らすと（もとの弦の長さと、押さえた後に振動する部分の長さの比を2：1にすると）、押さえていない時よりも1オクターブ高い音が出ます。振動する部分と全体の長さの比が3：2になるようにして弾くと、完全五度の音程が得られます（音階上で5つ目の音にあたるので五度と呼ばれ、基本になる根音との協和が非常に良い和音になります）。同様に4：3にすると完全四度、5：4なら長三度になります。周波数は弦の長さに反比例しますから、この比

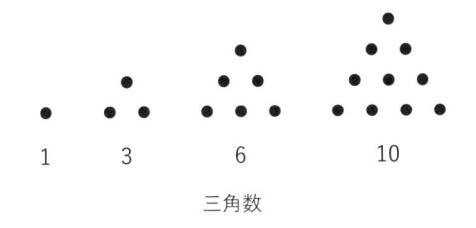

1　　　3　　　　6　　　　　10

三角数

率は音の周波数の関係も示しています。

　オクターブを除けば最もシンプルな比率である完全五度は、ピタゴラス音律と呼ばれるものの基本です（現代の音楽学者はこの音律の祖をピタゴラスと彼の教団だとしているので、その名が付いています）。D（レ）の音からスタートして完全五度上と完全五度下に移動すると、音階上の別の音に当たります。完全五度上はA（ラ）、完全五度下はG（ソ）です。次に、Aからさらに完全五度上、Gから完全五度下の、別の音を出します。これを続けると、最終的にはDを中心として他に11音で構成された次のような音階が得られます。

$$E♭-B♭-F-C-G-D-A-E-B-F♯-C♯-G♯$$

（ミ♭−シ♭−ファ−ド−ソ−レ−ラ−ミ−シ−ファ♯−ド♯−ソ♯）

　何も補正しないとこの音の並びはピアノの鍵盤77個分という広い周波数域に散らばってしまいます。音階をコンパクトにするため、低い音は周波数を2倍や4倍することでオクターブを上げ、高い音の方は1オクターブか2オクターブ下げます。すると、1オクターブ内に全部が収まり、基本オクターブと呼ばれる形になります。ピタゴラス音律は、これで幅広い楽曲を演奏するには限界があることが明らかになる15世紀末まで、西洋の音楽家たちに使われました。

　ピタゴラス学派は、振動する弦の単純な比率と和声の音程が等しいというこの発見にあまりに夢中になり、また宇宙は整数を基にして成り立っていると信じていたため、そこに天上界における音楽と数学の完璧な融合を見出しました。彼らの宇宙論では、宇宙の中心には偉大な「中心火」があるとされていました。中心火のまわりを、10の天体がそれぞれ透明な天球上で円軌道を描いてめぐっています。天体は中心火に近い側から、対地球〔太陽をはさんで地球の反対側にあると空想されていた惑星〕、地球、月、太陽、当時知られていた5つの"さまよう星"（つまり惑星＝水星、金星、火星、木星、土星）、最後が動かない星々〔恒星〕だとされました。透明な天球同士の距離は弦で協和音が出る長さに対応しているという教えであったため、天球の動きによって「天球の和声」という（人

間の耳には聞こえない) 音が生じる、というのが彼らの教えでした。

　ハーモニーの語源であるギリシャ語の *harmonia* (ハルモニア、「結合」や「一致」といった意味) と、算数・算術 (arithmetic) の語源である *arithmos* (アリトモス、「数」の意) は、どちらもインド＝ヨーロッパ語の語根 *ari* から派生しています。ちなみに、英語の rhythm (リズム) や rite (儀式) の中にも *ari* が隠れています。ハルモニアは平和と調和を司るギリシャの女神の名前でもあります。愛の女神アプロディテと戦の神アレスの子であるハルモニアにふさわしい役どころと言えるでしょう。音楽のハーモニーは天体の間隔に本来的に宿っていたものだというピタゴラス学派の考え方は、中世を通じて残りました。「天球の音楽」という思想は、中世ヨーロッパの大学で三学 (文法、論理、修辞) に続く必須学問としてプラトンの高等教育カリキュラムに基づいて教えられた四科 (算術、幾何、音楽、天文) の中に入っています。四科の中心はさまざまな形の数の研究でした。純粋な数が算術、抽象的空間における数が幾何、時間における数が音楽、空間と時間における数が天文です。ピタゴラスの例にならったプラトンは、音楽と天文の間には密接な関係があり、音楽はシンプルな数の比率を耳に快い形で表現し、天文はそれを目に快い形であらわしていると考えました。このふたつは、数学に基づいた統一性という土台を別々の感覚を通して人間に伝えているとみなされたのです。

　ピタゴラスの時代から2000年以上の後、ドイツの天文学者ヨハネス・ケプラーが基本的な図形と天空の旋律を結び付け、音楽的宇宙論の概念を一歩先へ進めました。ケプラーは当時の多くの知識人と同様に占星術を信じており、また非常に強い宗教心を持っていましたが、ルネサンスの科学的転回の中心人物のひとりでもありました。ケプラーの最も有名な業績は惑星の運動に関する3つの法則で、彼はそれをデンマークの貴族ティコ・ブラーエの正確な惑星観測結果に基づいて構築しました。ケプラーは若い頃に、惑星同士の間隔に幾何学的根拠があるのではないかという考えに魅了されます。先にポーランドの天文学者ニコラウス・コペルニクスが発表していた太陽を中心とする太陽系モデルに、ケプラーは1596年刊の『宇宙の神秘』で新たなアイディアを付け加えました。それは、5種類の「プラトンの立体」(正多面体) が世界の空間配置の鍵を握っ

ているという考え方です。それらの正多面体を一定の順番で——正八面体、正二十面体、正十二面体、正四面体、立方体の順で——球に内接・外接させることで、6つの惑星（水星、金星、地球、火星、木星、土星）の軌道を描くことができる、とケプラーは信じていました。神はピタゴラス学派が言うような数秘学者ではなく、幾何学者なのではないか、と彼は考えました。

　ケプラーは思索だけにとどまらず、音響の実験も行いました。その当時——17世紀の幕が開こう

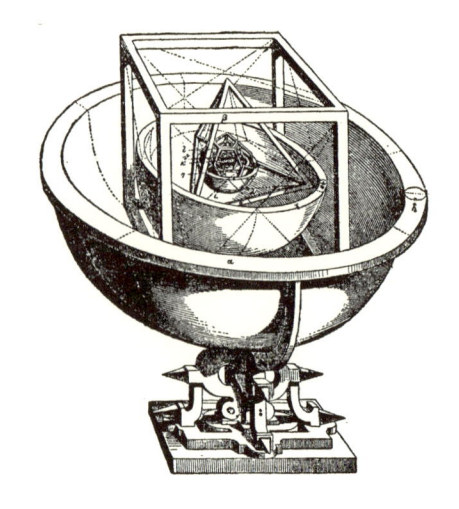

ケプラーは、彼の時代に知られていた惑星の軌道について、プラトンの立体（正多面体）の入れ子構造に一致する間隔で配置されていると考えました。

とする頃——には、着想を実際にテストして確かめるという行為は学問の世界では新しい発想でした。彼は一弦琴を使って、弦の異なる位置を押さえて長さを変えながら音の変化を調べ、どこを押さえた時に最も心地よい音になるか、自分の耳で聴いて判定しました。ピタゴラス学派が熱烈に愛した五度だけでなく、三度、四度、六度、その他さまざまな音程も協和音になることに彼は気付きました。彼はそれらの和声の比が天空にも反映されているのではと考え、それならば古代の天球の調和という概念を新しい観測結果に合うように更新できると意気込みました。もしや太陽から最も近い惑星までと最も遠い惑星までの距離の比が、彼の発見した協和音の間隔と一致してはいないだろうか？　ところが、そうではありませんでした。彼はそこで、惑星が太陽から一番遠い点と一番近い点を通過する時の速度に注目します（彼は観測によって、距離が最長なら太陽との関係で測った速度が最も遅く、最短なら最も速いことを知っていました）。惑星の動きの方が距離よりも弦の振動数との相似を強く示すだろうと考えた彼は、実際に惑星の速度と弦の振動の関係性のように思えるものを見つけまし

た。火星の場合、最小と最大の軌道速度（空を通過する際の角速度）の比はおよそ2：3で、完全五度（19世紀後半までの呼び方ではディアペンテ）に一致していたのです。木星の最小・最大軌道速度の比はおよそ5：6（音楽では短三度）で、土星の場合は4：5（長三度）に近い値でした。地球は15：16（おおむねミとファの違い）であり、金星は24：25になっていました。

　この一致（実際は偶然の一致でしたが）に気を良くしたケプラーは、さらに細かい宇宙のハーモニーを探しはじめます。彼は隣り合う天体同士の速度の比率を検討し、個別の惑星の動きだけでなく、惑星の動きの相互関係も調和の比率に従っていると確信しました。彼はこれらの考察すべてをまとめ、音楽の音程が天体の運動とどのように結びついているかの統一理論を組み立てて、畢生の大作『宇宙の調和』として1619年に発表しました。

　その少し後には、現在「ケプラーの第3法則」と呼ばれている惑星の運動法則を発見します。彼は、惑星が太陽を1周するのにかかる時間と太陽からの距離との正確な関係を見出したのでした。「公転周期の2乗は軌道長半径の3乗に比例する」というのがその関係です。現在も物理の授業で教えられているこの法則は、実はケプラーが宇宙のハーモニーの構造を神秘論的視点で研究する過程で発見されたものだったのです。

　ケプラーは、惑星の軌道は古来信じられていたような円ではなく楕円形であるという画期的な洞察によって、天文学を近代へ向けて押し進めるのに一役買いました。彼のこの発見はニュートンの万有引力の法則への道を開くものでしたが、音楽の世界においても革新的でより柔軟な調律システムの下地を作ったことはあまり知られていません。聴空間（聴覚によって知覚できる音源の方向や距離によって成立する空間）についての実験をする中で、ケプラーは他のすべての和声を組み立てることのできる最小の音程——最小の共通要素——が存在するかどうかに興味を持ちました。そして、存在しないことを発見しました。惑星の軌道が真円に基づいていないように、単一の基本音程を用いて協和音を作り出す簡単な方法はありませんでした。このことは、ある曲のキーを変えようとした時に最も明白になりました。

　五度を積み重ねて得られたピタゴラス音律は、純正律と呼ばれるものの一例

です。純正律では音の周波数が比較的小さい整数比と結びついています。ハ長調の音階を例にとり、これをCDEFGABC（ドレミファソラシド）の8つの音高に分けると、主音（根音）のCは1：1、五度のGは3：2です。ピタゴラス音律では、Cとそれよりも高い音の周波数の比率は次のようになっています。C：D＝9：8、C：E＝81：64、C：F＝4：3、C：G＝3：2、C：A＝27：16、C：B＝243：128、C：1オクターブ上のC＝2：1。この配置は、同じキーのまま演奏する場合や、人間の声のように音を出しながら高さを微調整できる柔軟性を持つ楽器ではうまく機能します。ところが、ピアノのように一度調律したら決まった周波数しか出せない楽器では問題が生じます。

ケプラーよりも早くから、作曲家や音楽家はピタゴラス音律の厳格な制約を逸脱しはじめていました。しかし、少なくともヨーロッパで純正律という概念そのものから離脱しようとする最初の重要な動きが起きたのは、ケプラーの時代の頃でした。新しい潮流のパイオニアのひとりはガリレオの父ヴィンチェンツォ・ガリレイで、のちに平均律として知られることになる音階に基づく12音音階を広めようとしました。平均律では、隣り合う音同士がどこも同じ音程（周波数比）だけ離れています。12個の半音は、低い方の隣と比べて周波数が$2^{\frac{1}{12}}$倍（1.059463倍）ずつ上がっています。たとえば、中央のC（中央ハ＝真ん中のド）の上のA（ラ）音は、現代のオーケストラのチューニングでは周波数440ヘルツです。このAから始まる音階を考えてみます。次の音であるA#の周波数は、440×1.059463でおよそ466.2ヘルツです。出発点の音から12個音階を上っていくと1オクターブ上のAにたどりつき、周波数は $440 \times 1.059463^{12} = 880$ ヘルツ、つまり最初の2倍です。

このようにして音階を決めた十二平均律では、主音とオクターブ以外はどの音も純正律の該当音と一致しません（ただ、四度と五度は、ほとんど違いを聞き分けられないほど近い音になります）。平均律は妥協の産物です。純正律ほど純粋な響きではありませんが、どんなキーでも調律のやりなおしをせずに許容可能なレベルの和声で演奏できるという大きな長所を持っています。これによってピアノのような鍵盤楽器が実用的かつ音楽的柔軟性を備えた形で利用できるようになり、作曲やオーケストレーションに新たな広い地平が開けました。

　現在、十二平均律は西洋音楽でほとんど普遍的に使われています。けれども、世界の他の地域には別の音律体系があります。西洋人が東洋や中東の音楽を聴いた時にエキゾチックで独特な音があると感じるのは、それが一因です。たとえば現代のアラブ音楽は、四分音を自在に使いこなせる二十四平均律を用いています。とはいっても、1曲の演奏で使われるのは24個の音のうち一部だけで、何が使われるかは旋法（マカーム）によって決まります。これは、西洋音楽で12個の音があっても一般にはキーに応じた7音しか使われないのと似ています。インドのラーガやその他の非西洋の伝統的旋法でも見られるように、どんなに長々と続く技巧的な即興演奏であってもそこには厳格なルールがあり、音の選択や音同士の関係、旋律の進行に伴う音のパターンを支配しています。

　古くから、人間の脳は身の回りに最も浸透している音楽になじんできました。人々が生育環境の中で地域の言葉や食べ物の味や周囲の習慣に適応するのと同じです。他の文化の音楽は聞き慣れず、驚きすら感じますが、それでもたいていの場合、やはり耳に快いと感じます。世界の異なる場所の音楽は音階も音程もリズムも楽曲の構造も違い、その違いに慣れるには多少の時間がかかることもあるのですが、「それが音楽であること」はほとんどの場合すぐにわかります。なぜなら、異郷の音楽もまた比較的単純な数学的関係に還元できる音響パターンに基づいており、その数学的関係が旋律、和声、テンポといった要素を司っているからです。

　音楽という概念が世界のどこでも普遍的であるかどうかは議論が定まっていません。西洋においてさえ、特にこの1世紀ほど、音楽と呼べるものとそうでないものの境界線を知ろうとして探求が行われてきました。そこには、調性の中心音が存在しない無調音楽、意図的に作曲や調音や器楽編成法の不文律から逸脱する実験音楽などが含まれます。実験音楽のパイオニアのひとりに、アメリカの作曲家・哲学者のジョン・ケージがいます。彼の『4分33秒』は3楽章からなる作品で、演奏者（ピアニストからオーケストラまで人数は問われません）は何も演奏しないよう指示されています。聴衆の耳に入る音は、演奏時間中に生じるあらゆる偶然の音——誰かの咳、椅子のきしみ、会場外からの雑音など——だけです。ケージがこの作品のインスピレーションを得たのは、ハー

ヴァード大学の無響室（ほぼ完全に音響をなくした部屋）を訪れた時でした。彼はこの部屋に強烈な印象を受け、訪問後に次のように書いています。「まったく何もない空間や何もない時間は存在しない。つねに何かが聞こえ、何かが見えている。事実、われわれはどんなに無音を作ろうとしてもできない」。ケージは『4分33秒』を真剣に受け止めてほしいという意図を持っていましたが、人々が作品を軽んじるのもまた避けられないことでした。数学者のマーティン・ガードナーは「どうということもない」と評しました。「私は『4分33秒』の演奏を聴いたことがないが、聴いたことのある友人は、ケージの曲の中では最高だと言っている」と皮肉っています。

　音楽をどう定義するにしても、音楽は人間だけのものではありません。他の生き物にも、私たちが音楽的に感じる音を出すものがたくさんいます。特にわかりやすい例は鳥とクジラでしょう。動物界でとりわけ美しい旋律を奏でる名人は鳴き鳥たちで、ヒバリ、ムシクイ、ツグミ、コマドリなど4000種以上が知られています。歌うのは主にオスで、メスを引き寄せるためや、縄張りを主張するために歌います（その両方を兼ねることもよくあります）。サハラ砂漠で越冬するスゲヨシキリという鳥のオスは、春になるとメスよりも数日早くヨーロッパに戻り、昼も夜も鳴きます。お嫁さん候補のメスは昼と夜のどちらに来るかわかりませんし、同時に縄張りを守る必要があるからです。そして、相手を見つけてつがいになると、ぱたっと鳴きやみます。種によってそれぞれ歌が異なり、同じ種は同じ歌を歌いますが、個体同士は互いの歌声（声紋）の違いを識別できます（人間の場合に歌い手によって同じ曲が違って聞こえるのと同じです）。ズアオアトリなどいくつかの種は、決まったフレーズのレパートリーを持っています。あるズアオアトリが特定のフレーズを歌うと、隣のズアオアトリは似たフレーズでこだまのように歌い返します。これは2羽が互いの距離を知るためだとする説があります。

　鳴き鳥たちは間違いなく旋律を奏でているように思えます。そして、ヴィヴァルディやベートーヴェンを含む作曲家は、時に鳥たちからインスピレーションを得ていました。しかし、鳥の歌のなかに人間の音楽と同じ種類の組織的ルールに従っているものがあるかどうかは不明です。音響や喉と口で音を発

第6章

天球の音楽

ザトウクジラの「ブリーチング」と呼ばれるジャンプ

生させるメカニズムといった科学的な事情で、どうしても似た部分は生じます。たとえば、全体として人間も鳥類もあまり音高の離れていない音（近くの音）を使う傾向がありますし、フレーズの最後を長く伸ばすことが多いといった類似点があります。問題は、鳥も人間と同じように、歌の中の音同士の関係——決まった音階——やその他の秩序だったパターンを好むかどうかです。これについてはあまり研究がないのですが、コスタリカとメキシコ南部に生息するナキミソサザイという特に旋律がしっかりした鳥に注目し、その鳴き声の音程に人間の全音階、五音音階、半音階と関連するものがあるかどうか調べた人がいます。その結果、偶然以上の一致はないことが判明しました。ただし、鳥の歌に意味がないということではありません。少なくとも他の鳥に対しては意味があります。単に、彼らの歌が西洋の音階に従ってはいないというだけです。鳥の鳴き声を聞いて私たちが心地よく思い、パターンを感じ取るという事実は、人間の音楽と同種ではないにしろ、鳥の歌もある種の音楽であることを示唆しています。

　クジラやイルカが属するクジラ目の生き物が出す音声は、鳥の歌よりもはるかに芸が細かく、コミュニケーションと反響定位［自分が発した音の反響を利用して、周囲の状況を把握したり、自分の位置を確認すること］の両方に使われます。特

にザトウクジラの歌は動物界で最も複雑だと言われますが、人間が普通に考えるような意味での音楽にも会話にもあてはまりません。それぞれの歌は、1回につき数秒続くこともある鳴き声のような音（"音符"）と周波数の変化（音を上げ下げしたり同じ周波数のまま続けたり）で組み立てられており、周波数域は人間が聞き取れる最低音あたりから最高音よりいくらか上までに及んでいます。また、歌の間じゅう音量も変化します。"音符"がいくつか集まって10秒ほど続く"サブフレーズ"をなし、サブフレーズ2つでフレーズができ、このフレーズが"主題"として数分間繰り返されます。こうした主題の集まりで歌が構成されており、1曲は30分から1時間程度続いて、さらにそれが何時間も——時には何日も——繰り返されます。どの時点でも、同じ海域にいるザトウクジラは同じ歌を歌っていますが、日にちが経つにつれて歌のリズム、音高、継続時間といった細部の要素が徐々に変化していきます。同じ海域にいるザトウクジラがみな同じような歌を歌い、違う海域あるいは別の大洋のザトウクジラは、歌作りの根本的な構造は同じものの、まったく異なる曲を歌います。現在わかっている限りでは、一度歌が変化したら、もとのパターンに戻ることは決してありません。クジラの歌に情報理論を適用した数学者たちは、そこに、これまで人間の言語以外で見られたことのない構文の複雑さと構造の階層性を見出しています。しかしクジラが歌で何をしているにせよ、普通の意味での会話ではないはずです。なぜなら、彼らの歌は連続的に少しずつ変化してはいますが、非常に反復的だからです。もしかすると、ジャズかブルースのように、ある決まりの中でリフと即興が許され、あるいは奨励されているのかもしれません。クジラの歌の機能を解明する手がかりは、歌うのがオスだけであり、新しいバリエーションを生み出す最も創造的な個体が一番メスを惹きつける傾向があるという点です。また、クジラたちがこのジャムセッションでごきげんな気分にひたっている可能性も十分あります。

　ザトウクジラの歌を録音したリラクゼーションやセラピー用のCDもあり、それを聴くと美しさとともに別世界に触れたような感じを受けます。1970年代に海洋生物学者ロジャー・ペインがバーミューダ沖でハイドロフォン（水中マイク）を使って録音したクジラの歌の一部分は、ボイジャー探査機に積み込

まれて宇宙の彼方へ向けて飛んでいるゴールデンレコードにも収められています。ゴールデンレコード制作にかかわったアメリカのサイエンスライター、ティモシー・フェリスは、賢いエイリアンは人間より上手くクジラの歌を理解できるかもしれないと考えました。そのため、多様な言語でのあいさつを収録した部分にもクジラの歌の長いバージョンがオーバーラップする形で録音されています。フェリスいわく、「この音は挨拶に干渉していないため、クジラの歌に興味を持ったらその歌を抽出できる」というわけです。

　音楽は、愛や人生と同じく定義しにくい概念です。私たちはたいてい、音楽を聞けば「これは音楽だ」と思いますから、音楽の定義は個人的あるいは集団的な嗜好に基づく、純粋に主観的なものになります。ベートーヴェンやビートルズの曲が音楽的でないなどと本気で論じる人は誰もいないでしょう。しかし、鳥の歌はどうでしょう？　ジョン・ケージや、現代西洋の正統的な音階や和声とは異質なものを志向する楽器を作ったハリー・パーチのような前衛的音響芸術家の作品は？　音楽の客観的定義を得ようとすれば、音響科学と数学的法則に目を向け、最終的に音自体と音同士の組み合わせを数値化しなければなりません。ここでも、どうやってそれを行うかは私たちが選択することになりますが、何を選んだとしてもそこには音楽に不可欠ないくつかの要素──メロディー、ハーモニー、リズム、テンポ、音色、そしておそらくその他も──が含まれるはずです。ひとそろいの基準が選ばれ、コンピューターにプログラム入力されたなら、どんな音でも分析して、「選んだ基準に従って判断すれば音楽と言えるかどうか」を決めることが可能になるでしょう。基準は、音楽をすくい取る網をどのくらい広範囲に投げるかに応じて、包括的（幅広いものを含む）にも排他的（狭い範囲しか認めない）にもできますが、すべての音を拾ってしまうほど緩い基準では困ります。たとえば、浜辺に寄せては返す波は心地よい音で心を落ち着かせてくれますし、規則的なテンポを持っていますが、ほとんどの人は「それは音楽とは呼べない」という意見に賛成するでしょう。

　私たちが普通に「これは音楽だ」と考える音楽すべての背後には、何らかの知性があります。むろん、自然界にはフィボナッチ・スパイラルのように自然に空間的な美を形作っているものがありますから、それと同様に音響の領域で

も、真に音楽といえるパッセージ（楽句）を作れるものが自然界に存在しても
おかしくないという考え方は可能です。とはいえ、現在の知見では、音楽と認
められるタイプの音響パターンを構築するには、人間であれクジラであれ鳥で
あれコンピューターであれ、ある種の形の頭脳が必要なのではないかとみられ
ています。音楽は根本の部分では数学的であり、数学は（私たちの知る限り）普
遍的ですから、もし宇宙のどこかに別の知的種族がいたとすると、彼らもなん
らかの形の音楽を持っている可能性がとても高いように思えます。彼らの音楽
は地球上の音楽と同様、バラエティーがものすごく豊かでしょう。地球の上だ
けでも、グレゴリオ聖歌、フラメンコ、ブルーグラス、ガムラン、能楽、フュー
ジョン、サイケデリック・ロック、ロマン派のクラシック音楽、その他あらゆ
る地域と時代の多種多様なジャンルがひしめいています。そこに、人間が考え
もしなかった新ジャンルの可能性を加えると、宇宙全域で作られている音楽は
どれほど幅広いものであることか。それに、私たちが認識できる音楽は人体の
解剖学的構造、特に人間の耳が聞き取れる周波数域（だいたい20ヘルツから2万
ヘルツまで）によって制限されています。他の生物はその外側の音も聞くこと
ができます。象は低音域が16ヘルツまで聞こえ、ある種のコウモリはおよそ
20万ヘルツを聞き取ります。理論的には、エイリアンの体の構造が扱える音
の特性——周波数、振幅、ピッチ、テンポなどの認識能力、その他の物理的パ
ラメーター——に制限はありません。地球外生命体の中には、処理能力が人間
の脳より、さらには人類が作った最速のコンピューターよりはるかに優れてい
るものもいるかもしれず、人間には理解できない複雑な音を音楽として味わっ
ている可能性も否定できません。

　星間空間で終わりなき旅を続けているボイジャーのゴールデンレコードに収
録された音楽についていえば、エイリアンの耳に一番はっきり音楽的に聞こえ
るであろう作品はどれかという議論がさかんに行われました。最も数学的な作
曲家であるバッハの作品だと考える人々もいました。実際、90分に27曲が録
音されたゴールデンレコードにはバッハの作品が3曲含まれています（ブランデ
ンブルク協奏曲第2番ヘ長調、バイオリンのためのパルティータ第3番ホ長調よりガ
ヴォット、平均律クラヴィーア曲集第2巻より前奏曲とフーガ第1番ハ長調）。バッハの

第6章
天球の音楽

3曲は合計12分23秒で、レコードの演奏時間全体のおよそ7分の1を占めています。このコレクションを作成した人々は、バッハが複数のメロディーラインを織り合わせるために使った聡明かつ複雑な対位法をはじめとする作品の構造性の高さが、いつの日か探査機を見つける高度な生命体の知性と美学にアピールすると信じていたことがうかがわれます。

科学者も作家も、地球外生命体の音楽がいったいどんなものかをいろいろ考えてきました。映画『未知との遭遇』では、エイリアンが長調の5音のつらなり「レ・ミ・ド・（オクターブ下の）ド・ソ」を挨拶として奏でました。映画のエイリアンはおそらく地球の音楽を聞いたことがあり、地球人に受け入れやすい響きになるように音の挨拶を使ったのでしょう。もしかしたら、銀河の他の種族たちも、私たちのものと同じ音階を持っているかもしれません。音階は数学的に最も単純にできていますし、地球で育った者たちにとっても4万光年離れた恒星の第4惑星で育った者たちにとっても、魅力的なメロディーとハーモニーを作るには最適だからです。音楽には多くのバリエーションがあるとはいえ、似た音階や調音の方法を含んでいます。数学が普遍的であるとすれば、音楽の基本も普遍的かもしれません。たとえば平均律の発展も、宇宙のあちこちで知性を備えた生物が多様な楽器を演奏していろいろなキーでハーモニーを得ようとした時に繰り返し起こる、必然的な出来事だとも考えられます。

もし人類が宇宙の他の知的生命体と接触することがあったら、その際には音楽を媒介とする可能性があります。これは別に新しい考えではありません。17世紀のイギリスの聖職者でヘレフォード主教を務めたフランシス・ゴドウィンが書いた小説『月の男』（著者の死後の1638年に出版）は、勇敢な主人公ドミンゴ・ゴンサレスが月に行き、旋律のように響く言語を話す月人の生活を見聞する物語です。ゴドウィンは、中国からヨーロッパに戻って間もないイエズス会の宣教師による中国語の発音や声調の説明から、月の言語の着想を得ました。作中の月人は、同じ語を異なる音律で話すことで違う意味をあらわしたり、音律だけで意味を伝えたりします。

SETI（地球外知的生命体探査）についての幅広い著作があるドイツの電波天文学者ゼバスティアン・フォン・ヘーナーは、1960年代に星間コミュニケーショ

ンの手段として音楽が有用だと論じました。彼はエイリアンの音楽と私たちの音楽が一部に共通の特徴を持つ可能性が高いのではないかと考えていました。同時に2つ以上の音を奏でる多声音楽が発達した場所ではどこでも、ハーモニーの成り立つ音の組み合わせの数は限られています。あるキーから別のキーへの転調を可能にするには、オクターブが等間隔に分けられていて、それぞれの音の周波数が一定の数学的比率関係を持っていなければなりません。そのための妥協策として西洋で編み出されたのが十二平均律です。フォン・ヘーナーは、宇宙のどこかの別の世界でもこの音階が出現しているかもしれない、また、多声音楽に適したその他2つの音階——五音音階と三十一音音階——も存在するかもしれない、と述べました。三十一音音階は、17世紀に天文学者クリスティアーン・ホイヘンスをはじめとする多くの学者によって言及されており、私たちよりも優れた聴覚を持つ生命体はこちらの方を好むかもしれません。一方、ピッチ（音高）の近い音の識別が苦手な身体を持つエイリアンは、五音音階の方を選ぶことでしょう。

　「外の宇宙」から私たちが受け取る最初のメッセージは科学的あるいは数学的な内容だろう、とよく言われます。けれども、本当にいい音楽、論理的な土台だけでなく創り手の情熱や感情が満ち溢れた音楽を送る以上に、うるわしい挨拶があるでしょうか？

第 7 章

素数の不思議

数学者たちは今日まで素数の並びに何らかの秩序を見出そうと努力してきたが、何の成果も得られていない。これは人間の知性が決して見通せないであろう謎だと信じるだけの理由がある。

——レオンハルト・オイラー

いま数学者にとって最大の問題は、おそらくリーマン予想だろう。

——アンドリュー・ワイルズ

素数は、1とその数自身でしか割り切れない自然数です。これは格別特殊な性質には見えません。ところが、素数は数学の中で中心的な位置を占めているのです。誇張でもなんでもなく、数学界最大の未解決問題のいくつかは素数に関係しており、実用レベルでも素数は私たちの日常生活で重要な役割を果たしています。たとえば、あなたが銀行のキャッシュカードを使うと銀行のコンピューターが本人かどうかチェックしますが、その際に使われるのは非常に大きな数を解読して2つの既知の素数の積にするアルゴリズムです。金融セキュリティの大部分は、究極的にはこの "数学界の変わりもの" である素数に頼って成立しています。

　素数を小さい方からいくつか並べると、2、3、5、7、11、13、17、19、23、29となります。素数でない数はすべて、合成数と呼ばれます。1は、素数と言えそうな気もしますが、素数とはみなされません。なぜなら、もし1を素数とすると、「算術の基本定理」と呼ばれる極めて重要な定理を含むいくつかの有用な定理が、面倒なことになってしまうからです。算術の基本定理は、「すべての自然数は素数の積として（積の順番の違いを除いて）ただ一通りにあらわすこ

とができる」というものです。たとえば $10 = 2 \times 5$ ですし $12 = 2 \times 2 \times 3$ です。ところが、もし1を素数とすると、1は何回掛けても1のままなので、1を掛ける回数が異なる"素数の積"を何通りでも無限に作れてしまい、「一通り」ではなくなってしまうのです。

素数は、自然界の意外なところで、驚くような形をとって現れることがあります。マギキカダ・セプテ

セミ

ンデキム（*Magicicada septendecim*）というセミは、17年周期で成虫が出現するライフサイクルで知られます。このセミはすべての個体が正確に17年間を幼虫で過ごした後、一斉に地上に現れて羽化し、交尾をします。別のマギキカダ・トレデキム（*Magicicada tredecim*）というセミは13年のライフサイクルを持っています。素数ゼミや周期ゼミとも呼ばれるこれらのセミがなぜ素数の周期を持つように進化したのかについては、諸説あります。最も一般的な説は、定期的な間隔で出現する捕食者がいたという考え方です。セミと捕食者が同じ年に成虫になった時には、セミの群れが一掃されてしまったのでしょう。セミの生き残りは、ライフサイクルをこの捕食者の発生周期と極力重ならないようにすることにかかっていました。たとえば、もしあるセミが15年周期で成虫になり、捕食者が3年か5年周期で出現するとすれば、セミは出てきた時に必ず捕食されます。捕食者が6年または10年周期なら、セミの出現サイクルの2回に1回が捕食者のサイクルと重なり、殺されてしまいます。これではセミはすぐに絶滅します。しかし、セミが17年周期で成虫になる場合、捕食者のライフサイクルが17年未満なら（仮想上の捕食者はセミより短い周期で出現していたことを示す証拠があるので、おそらくこうであったと考えられます）、捕食者は16回連続でセミにありつけず、エサ不足で死んでしまうでしょう。こうして捕食者はずっと昔に滅び、後に残った素数ゼミが今私たちの前にいるというわけです。

　素数は無数に存在することが――別の言い方をすれば最大の素数は存在し
ないことが――知られています。これは2000年以上前にエウクレイデス（ユー
クリッド）によって証明されました。エウクレイデスとは別のシンプルな証明
は、次のようなものです。素数の個数が無限ではないと仮定してみましょう。
そうすると、私たちは $2 \times 3 \times 5 \times 7 \times \cdots$ というふうにその"最大の素数"
までのすべての素数を掛けることができます。その掛け算で出た巨大な数を P
として、それに1を足します。この数について考えられる可能性は2つしかあ
りません―― $P + 1$ は素数であるか、もっと小さい素数で割ることができる
かのどちらかです。しかし、P は私たちのリストにあるすべての素数を掛けた
ものですから、もし $P + 1$ をいずれかの素数で割ろうとしても、必ず1が余る
はずです。従って、$P + 1$ もやはり素数であるか、またはリストにない素数を
約数として持っていることになります。すると、最初に仮定した「最大の素数
が存在する」と矛盾します。論理学と数学ではこれを「背理法」と呼びます。
ある命題が真だと仮定すると必ず矛盾に陥ることを示して、その命題が偽であ
ることを証明する方法です。この場合、最初の仮定が偽でなければおかしいた
め、その反対が真である、つまり、エウクレイデスの定理のとおり、素数は無
数に存在することになるのです。

　古代の数学者たちは大きな素数を計算で割り出す簡便な方法を持っていませ
んでした。エウクレイデスの『原論』に計算結果として127が示されているの
で、古代ギリシャ時代に127が素数であると知られていたのは確かですし、お
そらく彼らは数百か数千くらいまでの範囲で他の素数も知っていたことでしょ
う。もっとずっと大きな素数が発見されたのはルネサンス時代で、たとえばボ
ローニャの著名な素数ハンターのピエトロ・カタルディは524287という素数
を見つけています。新しい素数の探索の手がかりになったのは $2^n - 1$（n は整
数）という形で、17世紀のフランスの聖職者マラン・メルセンヌがその研究に
没頭したことから、メルセンヌ数と呼ばれています。メルセンヌ数は「素数の
疑いがある数」として有用でした。なぜなら、メルセンヌ数をランダムに選ぶ
と、同じサイズの奇数からランダムに選んだ場合よりもずっと素数である確率
が高いからです（ただし、すべてのメルセンヌ数が素数なわけではありません）。最初

の4つのメルセンヌ素数（メルセンヌ数である素数）は、3、7、31、127です。カタルディの大きな素数は19番目のメルセンヌ数（M_{19}）であり、7番目のメルセンヌ素数です。それよりも大きなメルセンヌ素数がスイスの数学者レオンハルト・オイラーによって発見されたのは、200年近く後の1772年でした。さらにそれから100年近くが経った1876年に、フランスの数学者エドゥアール・リュカが新しい記録を打ち立てます。リュカは127番目のメルセンヌ数（M_{127}）が素数であると証明しました。この素数はだいたい1兆7000万の1兆倍のそのまた1兆倍という大きさです。

　メルセンヌ数の多くは実際に素数ですが、メルセンヌ自身は素数かどうかの判定でいくつか間違いをしました。たとえば彼はM_{67}が素数だと考えていました。M_{67}の約数は1903年にフランク・ネルソン・コールが見つけました。その年の10月31日、彼はアメリカ数学会の会議で1時間の発表を行うよう招かれます。彼は黒板に歩み寄ると一言も発せずに $2^{67} - 1$ の計算結果を手書きし、次に 193707721 × 761838257287 を計算して、一致することを示し、黙ったまま席に戻りました。会場はスタンディング・オベーションで彼を称えました。彼によれば、$2^{67} - 1$ の約数を見つけるのに要した日数は、「日曜日3年ぶん」だったそうです。

　1951年以降、新しい素数の探索にはもっぱらコンピューターが使われるようになり、どんどん大きなメルセンヌ素数を探し出すためにアルゴリズムも高速化していきました。本書執筆時点で最大のメルセンヌ素数は$M_{74207281}$で、2233万8618桁の数です。2015年9月17日にこれを発見したのは、「グレート・インターネット・メルセンヌ素数探査プロジェクト（GIMPS）」に参加していたセントラルミズーリ大学のカーティス・クーパーでした。GIMPSは世界中の有志が分散型コンピューティングを使ってメルセンヌ素数を捜す共同プロジェクトで、発足から20数年間に、最も大きな15個のメルセンヌ素数を発見しています。新たな素数が見つかると、発見者たちは祝賀のシャンパンを開けるのがならわしです。〔本書が書かれた後の2017年12月に、もっと大きい$M_{77232917}$という素数が発見されました。〕

　こういうわけで、私たちは素数がどのようなものであるかや、素数が無数に

あることを知っています。素数が現代社会の人間にとってとても役立つことや、自然界に素数が顔を出すことがあるのも知っています。それでも素数には、まだ真か偽か判明していない仮説を含めて、わかっていないことがたくさんあります。なかでも有名な例に、ドイツの数学者クリスティアン・ゴールドバッハにちなんで名づけられた「ゴールドバッハ予想」があります。その内容は、「すべての2よりも大きな偶数は、2つの素数の和としてあらわすことができる」というものです。小さい数であれば、$4 = 2 + 2$、$6 = 3 + 3$、$8 = 3 + 5$、$10 = 3 + 7$ というふうに検証は容易です。それよりはるかに大きい偶数はコンピューターを使ってチェックされており、彼の予想に反する結果は今のところ出ていません。しかし、すべての場合について真であるかどうかは誰も知りません。

　もうひとつの未解決の予想は、3と5、11と13のように差が2である素数のペアに関係しています。これらは双子素数と呼ばれ、これが無数に存在するというのが「双子素数予想」です〔ただしすべての素数に双子素数が存在するといっているわけではありません。たとえば23は素数ですが、23と差が2である素数は存在しません〕。この予想が疑いなく正しいという証明は、いまだに誰も成功していません。

　素数に関する最大の謎は、おそらく素数の分布でしょう。小さな自然数の範囲には素数がたくさんありますが、数が大きくなるにつれて素数はどんどん出現しにくくなっていきます。数学者はこの減少の割合や、素数の出現頻度をどこまで知ることができるかに興味を持っています。素数の出現に厳密に決まったパターンはありませんが、かといって行き当たりばったりに出てくるわけでもありません。パウロ・リーベンボイムは『*The Book of Prime Number Records* (素数の記録の書)』(1988) で次のように述べています。

　　N よりも小さい素数の個数は (特に N が大きな数の場合)、かなりの精度で予測することができる。それに対して、短い間隔での素数の分布は本質的なランダムさを示している。同時に、この「ランダムさ」と「予測可能性」の組み合わせは、ある秩序だった配置と素数分布における驚きの要素を

生み出している。

　これまで、数えきれないほど多くの数学者が素数の謎めいた性質について語ってきました。素数を説明するのはこれ以上ないくらい簡単です。あまりに簡単すぎて、小学生も素数が何かを習い、最初のいくつかの素数を挙げなさいとか、ある数が素数かどうか答えなさいと質問されます。本書の著者のひとりアグニージョは、幼い頃に素数とそれにまつわる未解決の問題に魅了されたひとりです。やがて彼は数論の他の大きな謎の数々にも強く惹かれるようになりました。

　数の世界における素数はちょうど物理世界の原子のようなもので、他のすべての自然数は素数から成っています。素数は厳密な規則に従っていて、次の素数がどこに現れるかは簡単に言い当てられるはずだと思っている人もいるかもしれません。しかし、数学という学問を組み立てる一番基本的な建築材料である素数は、およそ規則とは縁遠い風来坊で、気まぐれなふるまいをします。期待と現実のこのギャップと、あと少しで手の届くところに何か重要な組織化原理があるのではないかという疑念とが、古代からあまたの数学者を虜にしてきました。

　個々の素数や、少数の素数のグループを見ると、素数は本当に無秩序に現れます。けれども、魚の群れやムクドリの大群のように大集団を眺めると、それまで隠れていたレベルの組織性が浮かび上がってきます。それに関する最も興味深い発見のひとつは、偶然の産物でした。1963年、ポーランド人数学者スタニスワフ・ウラムは退屈な学会発表を聞きながら、紙にいたずら書きをしはじめました。彼は1を中心にしてその周りに四角くとぐろを巻くように数字を順番に書いていきました。次にその中ですべての素数に丸印をつけたところ、驚くべき発見をしました。特定の斜め線上や、一部の水平・垂直ライン上に、特に高密度で素数が集まっていたのです。コンピューターで描いた大規模なウラムの螺旋（数万個の数字で構成されています）にも、同じパターンが現れました。実際、そのパターンは私たちが計算できる限りの範囲まで続いているように見えます。

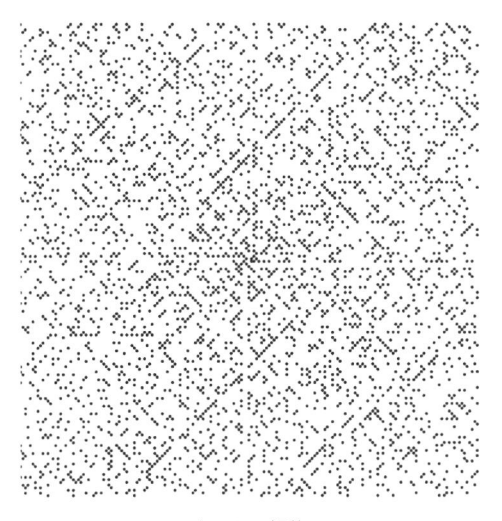

ウラムの螺旋

	37	36	35	34	33	32	**31**	
	38	**17**	16	15	14	**13**	30	
	39	18	**5**	4	**3**	12	**29**	
	40	**19**	6	1	**2**	**11**	28	
	41	20	**7**	8	9	10	27	
	42	21	22	**23**	24	25	26	
	43	44	45	46	**47**	48	49	

ウラムの螺旋の「中心部分」を拡大

　螺旋上で目立つラインのいくつかは、多くの素数を生み出すことで知られる代数式と関係しています。そのうち最も有名なのは、レオンハルト・オイラーが発見してその名が付いた式です。オイラーの「素数生成多項式」、すなわち $n^2 + n + 41$ は、0から39までのすべての n で素数を生成します。たとえば、n

が0、1、2、3、4、5の時、この式を計算すると41、43、47、53、61、71になります。$n = 40$ の場合は（素数ではなく）41^2 になりますが、その後もnを大きくしていくと、やはり高い頻度で素数が生み出されます。他にも、理由ははっきりしないものの高い割合で素数を生成する、同じような式があります。数学者たちはウラムの螺旋のパターンの意味や、それと未解決の問題（ゴールドバッハ予想、双子素数予想、ルジャンドル予想など）との関係を論じています（ルジャンドル予想とは、任意のnについて、n^2 と $(n + 1)^2$ の間には必ず素数が存在するという予想です）。けれども、ウラムの螺旋の図が視覚的にはっきり示しているのは、素数は決まった秩序なしで分布しているにもかかわらずそこにはある種のパターンがあり、大きな集団の中でのふるまいを司る何らかの包括的なルールに従っているということです。

　素数がどのように分布しているかに関する今のところ最良の定理は、そのものずばり素数定理と呼ばれ、数論の最大の業績のひとつとして広く認められています。思い切り簡単に言えば、十分に大きな任意の数Nについて、Nよりも小さい素数の個数はNをNの自然対数で割ったものとだいたい等しい、となります（ある数の自然対数とは、e《ネイピア数、2.718…》を何乗かしてその数と等しくなるようにべき乗であらわしたとき、そのべき乗の指数です）。この公式は次の素数がどこにあるかは教えてくれませんが、ある数同士の間隔が十分に広ければ、その範囲の中にいくつ素数があるかをかなり正確に示します。

　素数は無数にあるというエウクレイデスの定理は平易な数行の文章で証明できましたが、それとは違って素数定理の証明には100年にわたる努力が必要でした。1792年か1793年にこれに関して最初に予想したのは、ドイツの当時10代の少年、カール・ガウスでした。数年後、フランスのアドリアン＝マリ・ルジャンドルが独自に公表します。大きな数になればなるほど素数同士の間隔が広がる傾向があることには、むろん数学者たちはずっと昔から気付いていました。しかし、18世紀後半に大きな素数まで載せた表が出版され、より正確な対数表も登場したことで、素数間隔の拡大をあらわす公式を捜す努力に拍車がかかります。ガウスとルジャンドルは、$\frac{1}{対数}$（1が分子、対数が分母の分数）の形をした関数がうまく機能することに注目しました。素数分布公式にさらなる重

要な進展をもたらしたのはロシアの数学者パフヌーチー・チェビショフで、1848年から1850年にかけてのことでした。しかし最大の突破口を開いたのはドイツのベルンハルト・リーマンです。彼は1859年に「与えられた数より小さい素数の個数について」と題した8ページの学術論文を発表します（これはリーマンが素数の個数を扱った唯一の文献です）。この中で彼が示した予想は、のちにリーマン予想と呼ばれてその証明のために数学者たちが呻吟することになります。ダーフィット・ヒルベルトは、もし千年の眠りから覚めたら何を真っ先に尋ねるかと問われて、「リーマン予想はもう証明されたのか、だ」と答えたといわれます。アメリカの数学者H・M・エドワーズは、リーマン予想の背後にある理論を扱った自著にこう書いています。

> これは文句なしに数学の世界で最も有名な問題であり、最高の数学者たちを魅了しつづけている。長い間未解決だからだけでなく、われわれをじらすように繊細だからであり、またその解決は広範囲に影響を与える重要な新技術をもたらすはずだからである。

　リーマン予想がどれほど重要視されているかを裏書きするように、この問題はマサチューセッツ州ケンブリッジのクレイ数学研究所が「最初に解決した者に100万ドルの賞金を贈る」としている7つの「ミレニアム懸賞問題」のひとつに選定さています。アグニージョが特に解きたがっている2つの問題のひとつでもあります（もうひとつは5章で述べたP対NP問題です）。またリーマン予想は、1900年8月8日にパリで開かれた国際数学者会議でダーフィット・ヒルベルトが論じた23の未解決問題とミレニアム懸賞問題の両方に入っている唯一の難問です。

　リーマンは素数の分布問題に対し、当時数学の新分野として発展していた複素解析を持ち込みました。名前からわかるように、複素解析は複素数——たとえば $5 - 3i$（iは-1の平方根）のように、実数部分と虚数部分を持つ数——を扱うありとあらゆる方法に関係しています。複素解析の中核は複素関数の研究で、複素関数とはある複素数を別の複素数に変えるためのルールです。さかのぼっ

て1732年、すばらしい才能と驚異的な創造性を持ち、書いた論文の合計が3万1000ページを超えるというスイスの数学者レオンハルト・オイラーは、それまで知られていなかったゼータ関数という "数学世界の野獣" を定義しました。ゼータ関数は無限級数——無限に長く続く数列の項の和で、関数に入れる数によって、有限の値に収束することもあれば収束しない（発散する）こともあります——の一種です。一定の条件下ではゼータ関数は、ピタゴラスと弟子たちが数と音楽の和声を使って宇宙を理解しようと奮闘していた古代ギリシャ時代以来研究されてきた調和級数（$1 + \frac{1}{2} + \frac{1}{3} + \frac{1}{4} + \cdots$）に似た級数に帰着します。リーマンはオイラーのゼータ関数を取り上げ、複素数を含む形に拡張しました。複素ゼータ関数がリーマン・ゼータ関数とも呼ばれるのはそのためです。

　1859年の有名な論文でリーマンは、任意の数よりも小さい素数がいくつあるかを見積もるための、よりよい公式を発表しました。しかしその公式で知りたいのは、どの数をリーマン・ゼータ関数に入れればリーマン・ゼータ関数が0になるかです。リーマン・ゼータ関数は $x + iy$（ただし $x = 1$ は除く）の形を取るすべての複素数について定義されています。この関数はすべての負の偶数（-2、-4、-6など）でゼロになりますが、素数がどのように分布しているかという問題に取り組む際にはこれは問題になりませんから、それらは「自明な零点」とみなされます。リーマンは、この関数では $x = 0$ から $x = 1$ の間の境界領域に無限の数のゼロがあること、さらにそれらの「非自明な零点」が $x = \frac{1}{2}$ の線に関して対称であることに気付きました。彼の有名な予想は、「複素ゼータ関数の非自明な零点はすべて、まさにこの（$x = \frac{1}{2}$ の）直線上に存在する」というものです。

　リーマン予想がもしも正しければ、素数は素数定理によって課される究極的限界内で可能な限り規則的に分布していることになります。言い換えると、仮に素数が出現する場所に不確定性をもたらす一定量の「ノイズ」あるいは「カオス」が存在したとしても、リーマン予想はそのノイズが極めてよく制御されていると——素数は一見無規律に見えて、その背後では高度な振り付けで踊っていると——言っているのです。別の説明のしかたを紹介しましょう。たくさん面があって $\frac{1}{\log n}$ の確率で素数が出るサイコロを振るところを想像して下さ

い。2以上の整数であるnについて、n回サイコロを振ることにします。ものごとが理想的に進み、素数が出ると期待される回数は$\frac{n}{\log n}$です。けれども理想的ではない世界では、期待値のまわりに必ずいくらかの変動——誤差の範囲——があります。誤差のサイズは、一般に「平均の法則」または「大数の法則」と呼ばれるもので与えられます。リーマン予想が述べているのは、素数の分布の$\frac{n}{\log n}$からの逸脱は、平均の法則で予測される範囲内であるということです。

リーマン予想が真であることを示す強力な証拠はたくさんあります。リーマンは自ら最初のいくつかの非自明な零点を検証し、それらが彼の規則に従っていることを確認しました。アラン・チューリングは最初期のコンピューターのひとつを使って最初の1000個を計算しました。1986年には、リーマン・ゼータ関数の最初の15億個の非自明な零点がまさに、関数の実数部が$\frac{1}{2}$である線（臨界線）の上にあることが確かめられています。それよりもずっと前の1915年には、G・H・ハーディが、無限に多くの（必ずしもすべてのではない）非自明な零点がこの線上にあることを証明しました。1989年にはアメリカの数学者ブライアン・コンリーが、零点全体の少なくとも5分の2は臨界線上にあることを示しています。その6年後、ZetaGridという分散型コンピューティングプロジェクトを数年間運用した結果として、リーマン関数の最初の1000億個の零点が、ひとつの例外もなく正確に臨界線上にあることが発見されました。

正しさを示す証拠がこれだけあるのに、なおもリーマン予想が間違いだと考えるのは、相当のひねくれ者でしょう。しかし、数学の世界では「真だと信じること」や「説得力のある証拠」は、証明とはまったく別物です。どんなに役に立ち当たり前とみなされていることも、証明されない限りは単なる理論家の提案でしかなく、砂上の楼閣に近い存在です——たとえ提案者がベルンハルト・リーマンのような傑出した数学者であって

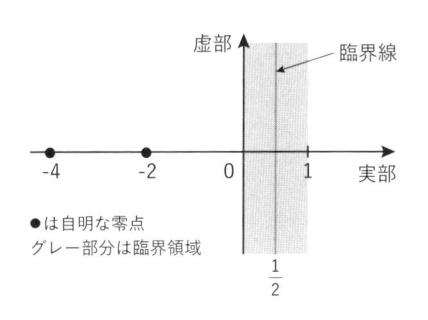

リーマン・ゼータ関数の最初の15億個の非自明な零点は、関数の実数部が$\frac{1}{2}$である線（臨界線）の上にある。

も。非自明な零点がたった1個でも臨界領域内の $x = \frac{1}{2}$ の線以外の場所で見つかる可能性が残っている以上、リーマンのすばらしい考えは希望的観測と同じ重みしか持ちえないのです。

リーマン予想の証明（または反証）は、数論や数学全体の領域にとどまらない重大な意味を持っています。リーマン予想は、亜原子世界（原子よりも小さい領域）との間にわずかな、しかし直接的な関係があることが判明しているからです。1972年4月のある日、ニュージャージー州プリンストンの高等研究所で数学者のヒュー・モンゴメリーとアトル・セルバーグが雑談していた際、モンゴメリーの最近の発見が境界線上における非自明な零点の間隔に関係しているという話題が出ました。そのあとカフェテリアでモンゴメリーは高等研究所自然科学部門の教授を務めるフリーマン・ダイソンに紹介されます。モンゴメリーが零点に関する自分の研究テーマを話すと、ダイソンは即座に、その計算と自身が1960年代に探求していた理論が同じものだと気づきました。ランダム行列理論と呼ばれるその理論は、重い原子核の中にある粒子のエネルギー準位の計算に使うことができます。ダイソンはのちに、同じ式が素数の分布に関係した分野にも出現することを知って驚いたと述べています。

> 彼が導き出した結果は私のものと同じだった。まったく別々の方向から、同じ答えにたどりついたのだ。そこからわかるのは、われわれにはまだ理解していないことがたくさんあり、それが理解できたあかつきには自明となるだろう、ということだ。しかし今のところ、それは奇跡でしかない。

リーマン予想をはじめ数学というものは完全に抽象的で、手の込んだ知的訓練として以外に関心の持ちようがない、というイメージを持っている人はよくいます。けれどもここに、純粋な数学に見えるものと物理的な宇宙が根本的なレベルで直接結びついている例があります（そして、見かけほど珍しい話でもありません）。

リーマンの仮説が世界に向けて発表されてから150年以上が経ち、いまだに

その証明がなされないことは、数学の心臓部にぽっかりあいた穴のようなものになっています。もしかすると、この問題を解決するのに必要なアイディアはあまりに先鋭的あるいは過激なので、私たちの現時点での理解を超えたところにあるのかもしれません。仮にそうだとすれば、証明の探求という行為自体がパワフルで新しい数学技法の発展に役立つかもしれません。もしもリーマン予想が最終的に証明されたなら、数学にとってその意味はいくら高く評価してもしすぎることがないほど大きいものです。素数は数の体系の中で根本的な役割を持ち、驚くほど多様な数学の分野に関係しているからです。リーマン予想が真か偽かによって、数百もの仮説が持ちこたえたり倒れたりするでしょう。真である場合、なぜ素数はランダムさと秩序の中間の微妙なバランスの位置にあるのかも含めて、多くの疑問が出てくるでしょう。偽であったなら、それらすべての仮説が崩壊し、数学の根幹を揺るがす大地震が起こるでしょう。

　リーマン予想の真偽の証明がもうすぐ実現すると期待している人はひとりもいません。けれども数学の世界では、何の前触れもなく突然証明が現れることがままあります。フェルマーの最終定理をアンドリュー・ワイルズが見事に証明したのがその好例です。もっと最近では双子素数予想に関する新発見があります。双子素数（差が2である素数のペア）は無数に存在するという予想は、真であろうと広く信じられています。1849年にフランスの数学者アルフォンス・ド・ポリニャックは、差が2の場合に限らず、可能なあらゆる有限数の差を持つ素数のペアもまた、無数に存在するだろうとする説を唱えました。この考え方の証明はほとんど進まなかったのですが、2013年に突如として、それまで数学界では無名に近かったニューハンプシャー大学の中年講師、張益唐が論文を発表し、目を見張る成果を示しました。張は、7000万未満の数Nについて、差がNの素数のペアが無数に存在することを証明したのです。これが意味するのは、彼方に広がる広大な素数の世界をどこまで分け入っても、素数の間隔がどんどん広がってまばらになっても、私たちは必ず差が7000万未満の素数のペアを見つけ続けることができるということです。7000万という間隔をもっと小さくできることに疑いはありませんし、これに限らず、素数研究の地平に驚くべき突破口が開かれると期待してよい理由は十分にあります〔2014年には、間

隔が246以内である素数のペアは無数にあることが、カリフォルニア大学ロサンゼルス校教授のテレンス・タオを中心とするプロジェクト「ポリマス8」によって示されました）。

　素数は誰でも理解しやすいにもかかわらず、私たちが適切に説明することのできない謎だらけのパターンを持っています。すべての偶数は素数の和なのでしょうか？　差が2である素数のペアは無数に存在するのでしょうか？　多くの人がもう少しで答えにたどりつくと考えていますが、誰もまだ確実な答えを知りません。素数は、すべての数学の——そしておそらく、物理宇宙そのものの——根本であるようにも思えます。

チェスや囲碁の「解」は見つけられるか？

> チェスは独特な認知の結合体、人間の知性の中で芸術と科学が一体化し、
> 経験によって洗練され向上していく場である。
> ——ガルリ・カスパロフ

チェスのどんな局面においても必ず最善の一手を割り出すことのできる、信じられないほど高性能なコンピューターがあると想像して下さい。「最善手」とは、最も速く勝利に至ることのできる手、あるいは、少なくとも決して負けない手——言い換えれば、プレーヤーに一番望ましい結果をもたらす手です。さて、ではこのコンピューターが、あらゆる点で自分とまったく同じコンピューターと対局したとしましょう。どちらのコンピューターが勝つでしょう？　それとも、常に引き分けで終わるでしょうか？　人間は数学で多くの大問題を解いてきたのだから、最新のコンピューティング技術で武装した理論家には、チェスのように古くからあってルールも簡単なゲームで人間のプレーヤーに勝てるコンピューターを作ることなど朝飯前だろうと思う人もいるかもしれません。けれどもそれは現実とは大違いです。

チェスをプレーする機械の第一号は「トルコ人 (The Turk)」という名で、実際はペテンでしたが、ハンガリーの発明家ヴォルフガング・フォン・ケンペレンが公開した1770年から火事で焼失する1854年まで、多くの人を騙しつづけました。「トルコ人」が動くところを見た有名人には、ナポレオン・ボナパルト（自身も優れた数学者でした）、ベンジャミン・フランクリン、そして近代の計算機の先駆者であるチャールズ・バベッジもいました。この機械は、大きな木製のキャビネットの後ろにオスマン帝国風の豪華な服を着てターバンを巻いた

等身大のマネキンの上半身が付いています。キャビネット前面の3つの扉を開けると、中の複雑な機械装置やその他の構成部品が見えます。裏側の3つの扉は一度にひとつだけ開けることができ、見物人は反対側まで見通せました。しかし、見物人の目から隠されていたものがありました。キャビネットの中には左右にスライドできる座席があり、優秀なチェスプレーヤーがそこに座っていて、3つの扉が順に開けられる時には閉まっている部分に隠れていたのです。機械に挑戦する人間を相手にどの手を指すかを決め、キャビネット内の穴開きボード製チェス盤とリンクした外部のチェス盤（観客から見える盤）の上で人形の腕と手を動かして駒を動かすのは、中に隠れている人間でした。フォン・ケンペレンの機械人形は独創的で精巧に作られていましたが、対局相手に勝つ力は全面的に人間の頭脳に頼っていたのです。

からくり機械の技術——歯車やレバーやリンク機構——では、ありきたりなチェスのゲームをする程度の速さの動きさえできませんでした。チェスはそれくらい複雑です。真にチェスをプレーできる機械を作りたいという願いが叶うには、第2次大戦後の電子計算機の開発を待たねばなりませんでした。アラン・チューリング、ジョン・フォン・ノイマン、クロード・シャノンといった計算科学のパイオニアたちは、初期の人工知能のアイディアを試す手段としてチェスに注目しました。このテーマを扱った独自性の高い論文（1950年）に、シャノンは書いています。「これは、実用的な重要性はないものの理論的関心の対象であり、望むらくは（…）この問題が他のもっと重要な問題に取り組むための楔とならんことを」。2年後、チューリングの同僚のディートリヒ・プリンツが、マンチェスター大学のフェランティ・マーク1という新しいコンピューターで初のチェス・プレー・プログラムを走らせます。この時は、メモリと処理能力の限界のため、「2ムーブ詰め」の問題を解く——つまり、自分があと2回指せばチェックメイトになる局面で最善手を見つける——ことしかできませんでした[注]。1956年には、チェスを簡略化した6×6マスの盤でビ

〈邦訳版注〉チェスでよく「手」と訳されるmoveは、先手と後手が1回ずつ指したものを合わせて指す言葉なので、囲碁や将棋の感覚でいえば1ムーブ＝2手になります。

ショップの駒がないバージョンを使ったプログラムが、ロスアラモス研究所の
コンピューターMANIAC I上で実行されました。コンピューターはこの「ビ
ショップ抜き」のゲームを3戦します。1回目は自分自身を相手にし、2回目は
棋力の高い人間のプレーヤーに「クイーン抜き」という駒落ちハンデを負って
もらって対局して敗れ、3戦目はチェスのルールを習いたての初心者と戦いま
した。この3戦目は、相手が弱かったとはいえコンピューターが勝ち、人間に
対する機械の初勝利を記録したのでした。

　1958年にIBMの研究員アレックス・バーンスタインが、自社の704メイン
フレームで、通常のチェス盤でゲームができる初のプログラムを書きます。ち
なみにIBM 704はプログラミング言語FORTRANとLISPの開発で使われ、
また、初めて音声合成を行った機械でもあります。映画『2001年宇宙の旅』に、
デイヴ・ボーマン船長が自律回路を次々に切断したことでHAL 9000コン
ピューターの意識が次第に低下していく場面がありますが、これは原作者アー
サー・C・クラークがその数年前にIBM 704での音声合成の試みを見て着想を
得たものでした。映画の前半ではHALがフランク・プール宇宙飛行士をチェ
スであっさり破っています。スタンリー・キューブリック監督は熱心なチェス
愛好家でしたから、HAL対プール戦の棋譜が実際のゲーム（1910年にハンブル
クで行われたA・レッシュ対W・シュラーゲ戦）から取られたことも驚くにはあた
りません。

　チェスをプレーする機械の前にたちはだかる最大の壁は、戦略と駒を動かす
選択肢の多さに起因するゲームの複雑さです。チェスの局面は全部で10^{46}通り
が可能で、少なくとも10^{120}通りの異なるゲームがありえます。後者の数はク
ロード・シャノンが1950年の論文「チェスをプレーするためのコンピューター
のプログラミング」で述べたものであることから、シャノン数と呼ばれていま
す。白の初手はわずか20通りしか可能な手がなく、かなり単純です。そのう
ち16手はポーンの動きですが、一般的に指されるのはそのうち3つだけです
し、ナイトが動く手は4通りありますが、普通に指されるのは1通りです。と
ころが、ゲームが進んでビショップやルークやクイーンやキングが動きだす
と、可能な手の数は急速に増えていきます。1ムーブごとに400通りの異なる

局面が生まれ、2ムーブで7万2084通り、3ムーブで900万通り以上、4ムーブの後には2880億通りを超えます。これは太陽系が属する天の川銀河の星の数とだいたい同じです。チェスで可能なゲームの総数にいたっては、宇宙全体の基本構成粒子の総数よりも桁違いに多いのです。

コンピューターチェスの初期には、比較的低性能なハードウェアしか使えないという大きなハンデがありました。しかし、ゲームで強い手を打つための基本的なプログラミング・アプローチは、すでに1950年代にハンガリー系アメリカ人数学者ジョン・フォン・ノイマンによって考案されていました。ミニマックス・アルゴリズムというその名前は、対局相手のスコアを最小にし（ミニマイズ）、自分のスコアを最大にする（マキシマイズ）ことを目指すところから名づけられました。1950年代の終わりには、これが「アルファ・ベータ枝刈り」という別のアプローチと組み合わされます。アルファ・ベータ法は、経験則ないしヒューリスティックス（発見的探索法）を利用し、人間のトッププレーヤーの指し手戦略を抽出して悪手を早い段階で刈り取り、探索木の実りなき枝に分け入る無駄な時間を節約する手法です。これは、後の時代に実現する「コンピューターが自分の間違いから学ぶ」方法とは違い、むしろ過去のグランドマスターたちが使った巧手の組み合わせやコツをプログラムする試みでした。

1970年代から80年代にかけ、コンピューターが性能を上げるにつれて、より深く、より賢く探索するプログラムの実行が可能になりました。1978年にあるコンピューターが人間のマスター相手に初勝利を収めます。同じ70年代に、世界コンピューターチェス選手権が始まりました。著者の片方（デイヴィッド）は、米国のミネアポリスにあったスーパーコンピューターメーカーのクレイ・リサーチにアプリケーション・ソフトウェア・マネージャーとして勤務していた時、アラバマ大学バーミングハム校のロバート・ハイアットに協力して、彼のチェス・プログラム「Blitz（ブリッツ）」をCray-1（当時世界最速のコンピューター）上で最適化する仕事をしたことがあります。Cray Blitzは1981年にミシシッピ州選手権を5-0で制してマスターのレーティング〔レーティングはチェスの強さを点数化した数値〕を獲得し、1983年にはライバルであるベル研究所の「Belle（ベル）」を破ってコンピューターチェスの世界チャンピオンになりました。

チェスや囲碁の「解」は見つけられるか？

アグニージョの自宅のチェス盤。盤上に再現されているのは、1996年にコンピューターのディープブルー（白）が初めて人間の世界チャンピオン、ガルリ・カスパロフ（黒）を破った対局の一局面。

　それ以来コンピューターチェスは劇的に進歩します。1997年、人間のチェス世界チャンピオンであるガルリ・カスパロフがIBMの「ディープブルー」との五番勝負に敗れました。人間が地上最強のコンピューターに勝ったのは、2005年が最後です。トップレベルのコンピューターは今や人間のレーティング最高値のはるか上を行っており、もはやチェスで最強のコンピューターに勝てる人間はいないと言っても過言ではありません。本書執筆時点で、炭素系生物（つまり人間）が達成した最高のレーティング（主にトーナメントでの他の強豪プレーヤーとの対戦成績に基づいて決められます）は、2014年5月に現世界チャンピオンのノルウェー人、マグヌス・カールセンが獲得した2882です。この数値を超えるレーティングを持つコンピュータープログラムは少なくとも50あります。なかでも「Stockfish（ストックフィッシュ）」は、人間と機械を含めてこれまでに出たレーティングの最高記録3394を持っています。

　さて、そんな現在の高速チェス・プレー・システムをもってしても、残っている問題があります。それは、「チェスに解はあるか？」です。別の言い方をするなら、ゲームが始まる前であっても結果を知ることはできるか、というこ

とです。よりシンプルなゲームの場合、答えが「イエス」になるものはたくさんあります。一番単純で有名なのは、井桁型のマスに〇と×を入れていく三目並べでしょう。このゲームは最大でも9手で終わるので分析がとても簡単ですし、プレーヤーはプレー時間の大半を「相手に勝たせないため特定のマスを取る」ことに費やします。対戦者がともに戦略を理解していると、必ず引き分けに終わります。3×3マスしかない三目並べは、解く（解を見つける）のが簡単です。けれども、複雑なゲームには大きな盤が必要かというと、必ずしもそうではありません。多くの人はドットアンドボックス（点とマス目）のゲームをしたことがあるでしょう。四角形の格子の交点の位置に点を描き、2人のプレーヤーが交互に、隣り合う2個の点を選んで縦か横の線で結びます。ゲームが進んで、3辺に線が引かれているマス目の4本目の辺に線を引いて四角形を完成させた人が、そのボックスの勝者になってボックス内にイニシャルを書き、続けて別の点同士を結ぶことができます。それによって2個目の四角形を完成させることができたら、さらに2個の点を結べる、というルールです。このゲームを楽しく遊べる最小の盤のサイズは3×3マスです〔ゲーム自体は2×2マスでも可能です〕。盤のサイズは三目並べと同じですが、戦略は格段に多くなります。実は、3×3マスのドットアンドボックスでは2番目のプレーヤーに必勝の手順があるのですが、その勝利の戦略はひどく複雑で、知っている人はごくわずかです。私たちの大多数はランダムにプレーし、相手にボックスを渡さないようにして、できるだけたくさんのボックスを自分が獲得し、相手のボックスをなるべく少なくしようと努めます。3×3よりずっと大きな盤になると、理論家といえども、誰が勝つかを最初から知る手掛かりはまったくありません。ハイレベルなプレーでしばしば現れる局面で、プレーヤーがどういう手を打っても負けてしまう場合を見つけることはできますが、だからといってその手の後に対戦相手がどう対応すれば勝てるのかはわかりません（勝てることだけはわかっていてもです）。これは非構成的証明と呼ばれるものの一例です。別の言い方をすると、非構成的証明は、何かが——たとえば勝利への戦略が——存在することは示すものの、どうすればその結果に到達できるのかのヒントはまったく与えてくれません。このような証明は直観に反していると感じられるかも

しれません。結局のところ、具体的な例をひとつも挙げずに「存在する」と言われても信じることがどうしてできるでしょう？　それでも、この種の証明は、このタイプのゲームによく現れます。重要なのは、特定のプレーヤーが勝てると証明するのは簡単かもしれないが、どうやって勝つかを正確に知ることはまったくできない、という点です。

　ドットアンドボックスは三目並べと同様に、ゲーム開始時には可能なすべての動きを選ぶことができ、ゲームが進むにしたがって、取りうる手の数が減っていきます。ドットアンドボックスでも上級者のプレーには膨大な数の可能な手がありますが、チェスはもっと複雑です。チェスでは、一手ごとにずっと多くの選択肢があり、ゲームの進行とともに可能な手の数は急速に増え、ゲーム時間もはるかに長くかかります。今のところ、どちらが勝つか私たちが予測できるのは、せいぜいゲームの最終盤、盤上の駒が残り少なくなった場合に限られます。チェス全体の解を求める——片方のプレーヤーが必ず勝つか引き分けに持ち込める最適な戦略を見つける——ことは、非現実的な夢想のようにも見えます。とはいえ、コンピューターは何手も先を読み、何十億もの手の中から強力な手筋を選べるところまで、驚異的な進歩を遂げました。

　コンピューターチェスよりもっと驚異的なのは、さらに歴史が古く戦略がずっと複雑なゲームである囲碁におけるコンピューターソフトの急成長です。中国、日本、韓国で盛んな囲碁は19×19路の盤で行われ、2500年前までルーツをさかのぼれる、「現在も多くの人が楽しんでいるものとしては最古のボードゲーム」です。古代中国では、絵画、書道、琴の演奏と並んで知識人がたしなむべき4つの技芸のひとつでした。囲碁の対局は白番と黒番が交互に打ちますが、チェスとは違い、黒が先手です。対局者は一度に1個ずつ自分の色の石を盤上に置き、自分の石で相手の石を囲んだら、相手のその石を取ることができます。基本的なこのルールの他にも多くの決まりがありますが、何よりも碁の戦略は恐ろしく複雑です。盤の一部分で石が生きるか死ぬか、助かるか取られるかにかかわるのが戦術で、全体の局面にかかわるのが戦略です。チェスと比べると、碁は盤も大きく、取りうる「次の一手」が桁違いに多いうえ、対局時間も一般に長くかかります。チェスのコンピューターではすべての手を読む

囲碁

力まかせの探索が役に立ちましたが、これを囲碁に適用するとはるかに長い時間がかかります。この方法は、タイトル保持者のようなトップ棋士を相手にした時にはおよそ役に立ちません。トップ棋士は経験によって獲得した大局観（パターン認識）——人間の脳が特に得意とする領域——をはじめとした高レベルのスキルを使い、多くの手の中から好手を選ぶことができるからです。コンピューターにとっては、状況ごとにひどく違って見える盤面のパターンを認識するのは、単なる超高速計算よりもずっと困難な課題です。事実、コンピューターがチェスで人間の最強プレーヤーたちを破りはじめた後も、囲碁の専門家は「碁ではコンピューターがアマチュアレベルに達するだけでも長い長い時間がかかるだろう」と自信たっぷりに語っていました。

　ところが2016年に、Googleのプログラム「AlphaGo（アルファ碁）」が世界最強棋士のひとり、韓国の李世乭との五番勝負を4勝1敗で制します。AlphaGoは、局面の先にある数多くの状況を全部読む力まかせ探索法ではなく、より人間に近いプレーをするように設計されており、人間の脳が問題を解決する方法をシミュレートしたニューラルネットワークを応用して碁を打ちます。プロ棋

士の棋譜の巨大データベースからスタートしたAlphaGoは、自ら勝利につながるパターンを学び取る目的で自己対局を繰り返すようプログラムされていました。人間の棋士が持つ賢明でヒューリスティックな（経験則により最適なものを発見する）アプローチとシリコンチップ上の集積回路の高速処理能力を組み合わせたAlphaGoは、囲碁の世界的スーパースターになりました。囲碁ソフトの飛躍がこんなに早く実現するとは、誰も思っていませんでした。2017年にはさらに進化したバージョンが、当時の棋士レーティングで世界1位だった中国の柯潔と対局し、3戦全勝しました。

　近い将来、囲碁コンピューターは人間では太刀打ちできない存在になるでしょう——チェス・コンピューターがすでにそうであるように。けれども、やはり残る疑問は、チェスや囲碁のようなゲームの解を最終的に見つけることは可能だろうか、という問題です。チェスでは常に白が先手で、黒は白の攻撃に反応することしかできません。そのため、もしチェスが解かれたら——言い換えれば、黒のどんな手に対しても白が最善手で返す手順が発見されれば——、結果は必ず白の勝ちかドローになるでしょう。囲碁ではチェスと違い、黒が必ず先番で、白は不利な後手番の埋め合わせとして一定の目（日本のルールでは6目半、中国では7目半）をもらいます。「コミ」と呼ばれるこのハンデは、白が勝つこともあれば、先番の優位性でやはり黒が勝つこともある状態にするのに十分なのかもしれません。勝負の結果は誰にもわからず、今後もそうでしょう。

　チェスの解を見つける確実な方法は、可能なすべての手を樹状図にした「ゲーム木」を作り、各局面から分かれた枝を1本1本たどってどこで終わるかを検討し、最適な結果につながる手を選ぶことです。理論上は、すばらしい方法です。しかし、およそ10^{120}という途方もない種類のゲーム展開がありうるチェスですから、出来上がるゲーム木はとんでもなく巨大です。可視宇宙に存在する原子の総数ですら10^{80}以下とされており、チェスで可能なパターンはその「10の40乗倍」になることを考えれば、それだけのデータを格納できるコンピューターを作るのは至難の業でしょう。ただ、すべての局面の中には、たとえ初心者同士の対局でも決して実際には現れない馬鹿げた配置が多数含まれているので、早い段階で多くの枝を刈り込むことができます。けれども、枝刈り

が全部済んだとしても、ゲーム木に残る現実的な手の数は気が滅入るくらいたくさんあります。囲碁はもっと大変です。あまりに複雑なので、この種のゲームを数学で解けないことはないものの、実際には無理だろうと考える人もいます。可能な手のゲーム木を保存できるだけの亜原子粒子が宇宙に存在しないなら、大幅な枝刈りの後、どうやって解を手に入れればいいのでしょう？　先端的な人工知能が現れて、もっと大胆な枝刈りを可能にし、木のサイズを取扱い可能なレベルまで小さくしてくれるかもしれません。多数の枝を同時に探索できる量子コンピューターを使う方法も考えられます。ただ、巨大数を因数分解する時にはショアのアルゴリズム（第5章参照）が使えますが、それとは違ってチェスや碁のようなタイプの問題を解くアルゴリズムはまだありませんし、そんなアルゴリズムが存在するのかどうかもわかりません。将来の解の発見に希望が持てる材料は、2007年にチェッカー〔2人で対戦するボードゲームの一種。市松模様の盤上に丸い駒を並べ、交互に動かして取り合う〕の解が見つかったという事実でしょう。チェッカーの解は、数百台のコンピューターが20年近い歳月をかけて協働し、可能なすべての手の組み合わせを探索した末に導かれました。結果的に明らかになったのは、チェッカーはどちらのプレーヤーもミスをしなければ必ず引き分けに終わるということです。技術とプログラミングの進歩でいつの日かチェスも解かれるのか、そして碁も続くのかは、まだわかりません。

　わかっているのは、チェスや囲碁、そしてもっとシンプルな三目並べやドットアンドボックスは、「完全情報ゲーム」だということです。完全情報ゲームは、プレーヤーが自分の手番の時、どう打つと良いか、あるいはどの手がまずいかを判断するための情報がすべて明らかになっています。隠された情報や不確実な情報はひとつもありません。つまり原理的には、メモリと時間さえ無限にあれば解くことができます。一方で、ポーカーのように、完全な情報がないゲームもあります。ポーカーでは各プレーヤーが持っているカードが勝負を決める大きな要素ですが、あるプレーヤーが次の行動を決める時に、他のプレーヤーの手札はわかりません。初心者から上級者までが参加するポーカーのトーナメントでは、初心者が幸運に恵まれてロイヤルフラッシュを引き当てて1回のゲームに勝つこともあります。しかし何回も繰り返し勝負をするうちに、平

均すると、いつベット（チップを賭ける）やフォールド（勝負を降りる）すべきかという知識が豊富な上級者の方が初心者より勝つ回数が多くなり、より多くの金額を獲得します。

　ポーカーのようなゲームを「解いた」と言えるようになる前に、私たちはまず、完全情報のないゲームを「解く」とは何を意味するのかをはっきりさせる必要があります。どんなコンピューターをもってしても、人間相手にポーカーをして——イカサマをせずに——100パーセント勝つ保証はできません。人間がロイヤルフラッシュを引く可能性がつねにあるからです。ポーカーを「解く」とは、コンピューターが、平均した場合に最大の勝利を得る戦略を用いてプレーするようになることです。

　ポーカーはブラフ（はったり）ができるうえ、たいていのトーナメントで同じゲームに3人以上が参加するため、さらに複雑です。複数の人間と1台のコンピューターでゲームをする場合、コンピューターを不利にするよう人間のプレーヤーが結託する可能性があります（むしろその方が多いかもしれません）。結託によって個々の人間プレーヤーは、自分本位でプレーする時よりも勝ちが減るかもしれませんが、人間側全体で見れば勝利数が増すはずです。

　とはいえ、ポーカーの中でも1対1で対戦するヘッズアップリミット・テキサスホールデムというタイプでは、長期的に通算すると決して負けないプログラムが完成しています。2014年に公表されたその新しいソフトウェアは、情報の一部がプレーヤーから隠されている複雑なゲームを効率的に解くアルゴリズムを初めて発見した点で画期的でした。隠れた情報とカードの引きの運があるため、プログラムは必勝ではありません。しかし何回もプレーして平均すると、人間がコンピューターよりいい成績をあげるチャンスはほぼ皆無です（人間が実質的にチェスでストックフィッシュに勝てないのと同様です）。そのため、ポーカーのヘッズアップリミット・テキサスホールデムは「解かれた」と言っていいでしょう。このプログラムは人間のプレーヤーの技術向上に役立つだけでなく、同様のアプローチがヘルスケアやセキュリティ分野でも役立つのではないかと考えられています。

　ポーカーの例からは、不完全な情報しか得られないあらゆるゲームにはプ

レーヤーにコントロールできない偶然が含まれているように見えるかもしれません。ところが、そうとは限りません。おなじみのジャンケンでは、各人が自分の手を決めることができ、何を出すかにすべてがかかっています。プレーヤーのコントロールの外にある偶然は存在しません。にもかかわらず、ジャンケンでの情報は不完全です。通常、ジャンケンは2人が同時にグーかチョキかパーを出します。ということは、2人が別々の部屋にいて、互いに相手の手を知らずに自分は何を出すかを紙に書いても、実質的には同じことです。

　さて、完全情報ゲームには必ず「純粋戦略」——最も好ましい結果が得られる1手あるいは一連の手順——があります。たとえばチェスなら、この局面ではこう打つのが最も良いという最善手（ないし、勝利につながる複数の手）がつねに存在します。ジャンケンではその正反対が真です。純粋戦略（たとえば毎回必ずグーを出すとか、いつもグー、チョキ、パーを決まった順に出すなど）を用いると、すぐに負けてしまうでしょう。最も良いアプローチは混合戦略と呼ばれるもので、これは、いつでも異なる手を異なる確率で出すことを意味します。ジャンケンや1対1のポーカーのようなゲームを解くこととは、勝つ確率を最も高くできる最善の混合戦略を見つけることです。「いつもグーを出す」戦略が100パーセントの勝率を実現できるのは、相手が愚かにも毎回チョキしか出さない時だけです。まともな相手ならすぐに対応してパーを出し続けるので、「グーだけ」戦略の勝率は0パーセントに落ちます。ですから、ジャンケンの解が既に見つかっていて、その解はとてもありきたりだと知っても、驚くにはあたりません。ジャンケンの数学的な最善戦略は、全体の回数のうちグーを $\frac{1}{3}$、チョキを $\frac{1}{3}$、パーを $\frac{1}{3}$ の割合にすることです。あいこは半分勝利として数えると、この方法はプレーヤーに最低50パーセントの勝率をもたらします。これはジャンケンで取りうる戦略の中で最高の成績です。もっとハイレベルなプレーをする余地もありますが、ゲーム理論ではなく心理学を駆使し、3章でも見た「概して人間は真にランダムに行動するのが苦手」という事実を利用します。一般的に言って、完全情報のないゲームでは最善の戦略はつねに混合戦略です。

　こうしたゲームの中にも、アメリカの数学者・経済学者ジョン・ナッシュに

ちなんで名付けられた「ナッシュ均衡」と呼ばれる概念があります。ナッシュはゲーム理論に多大な貢献をした人物で、映画化もされた評伝『ビューティフル・マインド』の主人公です。強ナッシュ均衡では、すべてのプレーヤーにとって良い結果がもたらされる均衡状態から、複数のプレーヤーが協力してそれぞれの戦略を変えて逸脱すると、全員が前より悪い状態になってしまいます。弱ナッシュ均衡という概念もあり、その場合はあるプレーヤーが戦略を変えて均衡状態から逸脱しても、状況は良くも悪くもなりません。ただ、戦略からはずれてより良い結果で終わることは不可能です。ナッシュ均衡はゲーム理論の要となる役割を担っています。

　完全情報ゲームでは、対戦者双方が最善の戦略を取った時にナッシュ均衡が成立します。最善の戦略が複数あるかどうかに応じて、強い均衡にも弱い均衡にもなりえます。不完全情報ゲームでも同じことが言えます。しかし、複数のナッシュ均衡が成立することも十分に可能です。ナッシュ均衡がすべて見つかっているかどうかを確かめるには、ゼロ和（ゼロサム）ゲームあるいは定和（コンスタントサム）ゲームという別の概念が必要になります。

　ゼロ和ゲームでは片方のプレーヤーの利得がもう片方の損失と正確に等しくなります。より一般的なのが定和ゲームで、プレーヤーが獲得する利得の総和が常に一定です。チェスがその一例で、引き分けて両プレーヤーが半ポイントずつ得るか、勝負がついて勝者が1ポイント、敗者が0ポイント得るかのどちらかです。対照的に、サッカーのようなゲームは定和ゲームではありません。引き分けなら両チームとも勝ち点1を得ますが、勝てば勝ち点は3、負ければ0で、勝ち点の総和が2のことも3のこともありえるからです。定和ゲームはすべて、ポイントを足したり引いたりしてゼロ和ゲームに変形できます。たとえば、チェスで与えられるポイントからそれぞれ0.5を引くと、ゼロ和になります。そのため、ゼロ和ゲームで得られた結果は、一般に定和ゲームにもあてはまります。

　どんなゼロ和または定和ゲームでも、唯一のナッシュ均衡が成立するのは、両プレーヤーが最善の戦略でプレーした時です。しかし、定和ではないゲームの場合にはこれがあてはまらず、他の多数のナッシュ均衡がありえます。定和

ではないゲームでは、「パレート効率性」という別の問題も現れます。どんな戦略の組み合わせであっても、誰かの状況を良くするように戦略を変えると必ず別の誰かの状況が悪くなる場合に、「パレート効率的」であるといいます。ゼロ和ゲームであれば、いかなる戦略のセットもパレート効率的です。けれども、一般的にはパレート効率性は成立しません。ナッシュ均衡でさえパレート効率的でないことがあるのは、「囚人のジレンマ」というゲームがはっきり示しています。

　ある犯罪を一緒に行い、それぞれ懲役1年を宣告された2人の囚人がいるとします。目撃証言により、この2人は懲役6年に相当するもっと重大な別の罪も犯した疑いが持たれています。そこで検察官は囚人に、黙秘するか、仲間を裏切って自白するかの選択を迫ります。どちらの囚人にも、もう片方がどういう行動をしたかは判決が下るまで知らされません。2人とも互いを裏切れば、ともに懲役が合計4年になります（重い方の犯罪で3年、軽い方の犯罪で1年）。片方の囚人だけが裏切ると、裏切り者は釈放され、残った方は両方の犯罪の合計で7年の懲役になります。両者とも黙秘すると、ともに軽い方の犯罪だけに問われて懲役は1年です。驚くべきことに、相棒の行動にはかかわりなく、つねに裏切りが黙秘よりも良い選択肢になります。ナッシュ均衡が唯一成立するのは、両者が互いを裏切り、ともに懲役4年を宣告される場合なのです。しかし、これはパレート効率的ではありません。ともに黙秘して1年の懲役で済ます方が双方にとって良い結果だからです。囚人のジレンマのゲームを繰り返し行うこともできます。この場合、2人の囚人は協調するか、裏切るかの互いの選択結果に基づいて次の戦略を選びながら、何度も繰り返してゲームすることができ（繰り返し囚人のジレンマとして知られます）、それによって非常に複雑になりえます。繰り返しゲームした場合の最善の戦略は、片方がずっと黙秘している間はもう片方もおおむね黙秘し、裏切られたら次から裏切りで仕返しするという形になる傾向があります。つまりこうした戦略は、互いにパレート効率的な結果から得られる利得を受け取ろうとしながらも、相手の戦略が裏切りであることが明らかな場合にはナッシュ均衡を選んで最悪の結果を避けようとしています。

　たいていの人は、ゲームをする時、疲れたり空腹になったり飽きたりしない

程度の時間で——たとえば、1〜2時間くらいで——終わることを好みます。国際チェス連盟は主催するすべての大きなイベントで時間制限を設けており、現在のルールでは持ち時間は最初の40ムーブに90分、41ムーブ以後は30分です。ルールは何度か変更されており、記録に残る過去最長のゲームは1989年にベオグラードで行われたイヴァン・ニコリッチ対ゴラン・アルソヴィッチ戦で、20時間続いた末に「50ムーブ・ルール」により269ムーブでドローに終わりました。50ムーブ・ルールとは、「過去50ムーブの間にどちらのプレーヤーもポーンを動かさず、またどの駒も取られていない場合、どちらかのプレーヤーの要求によってドローとすることができる」というものです。また、同じ局面が3回生じた時に、手番のプレーヤーがドローを宣言することもできます。この2つのルールはプレーヤーが要求してはじめて適用されるため、要求せずひたすら続けた場合、最長のゲームはおそらく6000ムーブ弱くらいになりうるでしょう。

　もっとずっと長時間を要する——もしかすると太陽の寿命の何十億倍も時間がかかる——のは、四方八方に無限に広がるチェス盤で戦うゲームで、無限チェスと呼ばれます。無限チェスは駒の数もルールも普通のチェスと同じですが、端がなく無限に続く盤を使います。このゲームでは、目玉の飛び出るような手が可能です。ルークは1兆マスも先まで移動できますし、ビショップが銀河同士の距離と同じくらい離れた場所からポーンを取りに飛んでくるかもしれません。人間のように限られた能力しか持たない存在にとっては、社会的に容認不可能なゲームです。けれども、自分では決してプレーできなくても、数学の力を借りればこのゲームについてなにがしかを理解することはできます。なかでも一番肝心なのは、私たちが無限チェスについてひとつの極めて重要な事実を確信できることです。その事実とは、有限な盤のチェスと同様に、無限チェスにも「採用されればどちらかのプレーヤーの勝利を約束する」戦略があるということです。それはどんな戦略でしょう？　実はその内容は、無限の速度とメモリを持つコンピューターが現れない限り知ることができません。しかし、「あらゆる形態のチェスや、有限無限を問わずその他の完全情報ゲームは、理論的には解くことができる」という事実は、少なくともある程度の満足を与

えてくれます。

　人工知能の開拓時代だった1960年代に、クロード・シャノンのような数学者や計算機科学者はコンピューターにもっと人間に近い考え方をさせる方法を試すためのアプリケーションとしてチェスを利用しました。今でも、戦略を用いる複雑なゲームが同じ目的に使われています。もちろんゲーム自体には、（あなたがそのゲームで生計を立てているのでない限り）それほど重要性はありません。しかし、ゲームができる機械を構築したり、強いプレーヤーになるよう教育したり自学自習させたりするための方法は、現実面における他の重要な作業に応用できます。さらに、チェスやそれと同様に複雑なゲームの解を見つけることは、人間が最終的にどこまで「知る」ことができると期待してよいかの限界を浮かび上がらせる一助になるのです。

第 9 章

ありえることと、ありえないこと
パラドックスの話

パラドックスに出会えたのは何とすばらしいことだろう。これで進歩へ
の希望を持てる。

——ニールス・ボーア

どうか私の退会を受理されますようお願いします。私を会員として迎え
入れようとするようなクラブに、私は所属したくありません。

——グルーチョ・マルクス

パラドックス（paradox）という言葉は、ギリシャ語の *para*（「〜の向こう」「〜を越えて」）と *doxa*（「意見」「信念」）が語源です。ですから、文字通りには、信じられないこと、直観や常識に反することを意味します。私たちは日常会話でよく、信じがたく思えるものごとを指してパラドックス的（逆説的）だと言います。たとえば第3章で述べた、同じ部屋に23人がいたらそのうち2人が同じ誕生日である確率は50%だという話は、時に「誕生日パラドックス」と呼ばれます。実際は容易に証明できる統計的事実で、私たちが驚くのは単に自分の予想と違うからなのですが。数学や論理学の研究者のあいだでは、パラドックスという言葉はもっと狭くて厳密な意味で使われます。この場合のパラドックスとは、自己矛盾をきたす内容の言明や状況を指します。これからお話しするように、そんなパラドックスのひとつは、数学の根本的分野に重要な突破口を開きました。他にも、哲学や科学の領域で、自己の本質や自由意志や時間に関するパラドックスから実り多い議論が生まれています。

14世紀フランスの聖職者・哲学者ジャン・ビュリダンは、コペルニクスの

革命的見解——太陽系は太陽が中心であるとする地動説——にも大きな影響を与えた人物ですが、現在では彼の名はむしろ、中世論理学のパラドックスとの関連で記憶されています。ビュリダンは、大きさも質も見た目もまったく同じ2つの藁山(わら)が互いに離れた場所に置いてあり、そのちょうど真ん中にロバがいるところを想像しました。ロバは空腹ですが、同時に絶えず合理的に考えており、2つの藁山から片方だけを選ぶ理由を見つけられません。その葛藤のため、ロバはどちらを選ぶ根拠も得られずにその場にずっととどまり、飢え死にしてしまいます。食べ物の山が1つだけだったらロバは生きていたでしょうが、まったく同じ2つの山だとロバは死んでしまうのです。経験に基づかない理性だけがかかわっているのだとしても、どうすればこの話に筋の通った説明を付けられるでしょうか？

　ビュリダンのロバは、頂上部が丸くて両側が急坂の丘の上に置かれたまん丸いボールの例と似た状況にあります。バランスを崩す力が一切働かなければ、ボールがどちらかに転がり落ちることはありません。ボールの状態は、ほんのちょっとでもつついたら転がり出してしまうという点では不安定です。しかし何の力も作用しなければ、永久にその場にとどまるでしょう。多くの思考実験と同様に、ビュリダンのロバは、現実では決して十分に意識されない仮定をいくつも含んでいます。たとえば、この話は完全なシンメトリーを——ロバが片方の藁山かもう片方の藁山かを選ぶ決断をする時、どちらの藁山もまったく同じ状態で、ロバの思考回路にも偏りがないと——仮定しています。けれども、現実には決してそれは起こらないでしょう。そのロバは普段から左側より右側の方が好きだとか、光の具合でどちらかの藁山の方が少し魅力的に見えるとか、そういうことがありえます。1ダースほどもありそうな理由のどれかひとつでも作用すれば、バランスが崩れて一方の藁山が好ましく感じられるはずです。デジタルエレクトロニクスの実例で考えてみましょう。ある論理ゲートが0と1（2つの藁山に相当）のちょうど中間でずっと"立ち止まって"いて、そこに回路内のノイズのランダムな揺らぎが生じ、ようやく0か1の安定状態のどちらかに切り替わることがあります。ビュリダンのロバは自由意志の議論に利用されてきました。というのも、自由意志を持つ被造物は、どんなに合理性を重

んじていたとしても、片方の食料がもう片方よりも好ましいと判断する理由が まったくないからといって食べないことを選んだりはしない、と論じることが できるからです。

　自由意志に関連した別のパラドックスとして、1960年にアメリカのローレン ス・リバモア研究所の理論物理学者ウィリアム・ニューカム（19世紀の著名な 天文学者サイモン・ニューカムの兄弟の曾孫）が考案した、比較的新しい例があり ます。ニューカムのパラドックスでは、これまで一度も外れたことのない予知 能力を持つ超越的な生命体がいて、AとBというラベルが貼られた2つの箱を あなたの前に置きます。Aの箱には1000ドルが入っており、Bの箱は、100万 ドルが入っているか空っぽのどちらかです。超越的生命体はあなたに、次の 2つの行動のいずれかを選択するよう言います。（1）Bの箱だけを開けて中身 を得る。（2）AとBの両方を開けて中身を得る。しかしそこには罠があります。 その生命体は、あなたが（1）を選ぶと予知した場合に限って事前にBの箱にお 金を入れておき、あなたがそれ以外の選択をすると予知したらBの箱には何も 入れません。獲得金額を最大にするには、あなたはどうすべきかというのが問 題です。実は、どう行動すべきかについて一致した意見はいまだにありません し、この問題が十分に定義されているかどうかについてすら合意がありませ ん。あなたは、自分がどちらの選択肢を選んでも今さら箱の中身が変わること はないのだから、両方の箱を開けて入っているものをすべてもらえばいい、と いう考え方をするかもしれません。これは理性的なように見えますが、超越的 生命体の予知は外れたためしがないという点を思い出すと話は違ってきます。 言い換えれば、あなたの胸算用と箱の中身には相関関係があるのです。あなた の選択は、Bの箱に現金が入っている可能性と結びついています。これらを含 め、どちらの選択がより良いかをめぐってさまざまな考え方が唱えられてきま した。しかし、50年以上も哲学者と数学者の関心を引きつづけてきたにもか かわらず、広く合意された「正しい」答えは出ていません。

　ニューカムがこのパラドックスを思いついたのは、「予期せぬ絞首刑」と呼 ばれるパラドックスを考察していた時のことでした。1940年代に口コミで広 まりはじめた「予期せぬ絞首刑」は、絞首刑を宣告されたある囚人をめぐる話

です。発言の信頼性の高さで知られる裁判官が、土曜日に囚人に向かって、「明日を1日目として7日以内に君の刑が執行されるが、どの日に執行されるかは、当日の朝に告げられるまで君にはわからないし、その他の方法でも知ることはできない」と告げます。独房に戻った囚人は自分の状況をしばらく論理的に考察したのち、裁判官がミスを犯したと判断します。まず、処刑は土曜日ではありえない、なぜならそれが最後の日なので、もし日付が土曜に変わるまで生きていたら、当日が執行日だとわかってしまうから、と彼は考えました。しかしこうして土曜が除外されると、もし木曜が終わるまで生き延びたら囚人には執行日が金曜だとわかってしまうので、金曜の処刑もできなくなります。同じ理由で木曜も除外され、水曜も……という具合に、日曜まで遡ります。しかし、すでに月曜から土曜までがすべて除外されているので、囚人に処刑日が日曜だと事前に悟らせずに執行することはできません。囚人はこうして、裁判官が宣言したような形では絞首刑は行われない、と考えたのです。ところが、水曜の朝に執行官が現れます——まったく予想外に！　結局のところ裁判官の言葉に嘘はなく、一見鉄壁に見えた囚人の論理にはどこかに誤りがありました。では、どこが間違っていたのでしょう？

　50年以上にわたって論理学者や数学者が束になって挑戦しても、このパラドックスには誰もが納得する答えが見つかっていません。このパラドックスは、裁判官は疑いなく自分の言葉（囚人が事前に知ることのできない日に絞首刑が行われる）が真実だと知っているのに、囚人の方は同じレベルの確信を持っていないという事実から生じているように思えます。囚人が土曜の朝に生きていても、彼は執行官がやって来ないと確信できるでしょうか？

　私たちは言葉の使い方で——特に何かを述べたり質問したりする際に正確性を欠くことで——、困惑や混乱を引き起こすことがあります。では、オックスフォード大学ボドリアン図書館のパート職員だったジョージ・ベリーにちなんで名づけられた「ベリーのパラドックス」を見てみましょう。ベリーは1906年に「The smallest number not nameable in under ten words（10語未満で記述できない最小の数）」という文に注目しました。一見すると、この文章に謎めいたところはまったくありません。どう考えても10語未満の文章の数は有限で

すし、その中で特定の数字をあらわす文章はさらに少ないので、明らかに10語未満で記述できる数字は有限個です。そして、10語未満では記述できない最小の数Nが存在します。ところが、ここで、ベリーの文章自体が「その数をたった9語で記述してしまっている」という点が問題になります！　この場合、Nという数が9語で記述されていることは、「10語未満で記述できない最小の数」という定義に矛盾します。別の数をNとして再挑戦もできますが、パラドックスはそのままです。ベリーのパラドックスが示しているのは、言葉であらわした概念には本来的にあいまいさがあり、条件指定や但し書き抜きで使うのは危険だということです。

　これとはタイプの違うパラドックスで、アイデンティティ（同一性）を扱ったものもあります。私たちは一般にアイデンティティは自明だと思っています。たとえば、1時間前にアグニージョだった人物が今も同じ人であるのは、当然だと思われるでしょう。けれども、パラドックスはアイデンティティに関する私たちの直観的な考え方に疑問を投げかけます。そうしたパラドックスの一例が、「テセウスの船」という思考実験です。ミノタウロスを倒したことで知られる伝説の王テセウスは海戦で何度も勝利を収めたので、アテネの人々はテセウスを讃えて彼の船を港でずっと保存していたとされています。しかし歳月とともに木造船の部材は徐々に朽ちていき、そのたびに傷んだものをひとつひとつ交換せねばなりませんでした。さて、そうすると、どの時点でこの船は「テセウスの船」ではなくなり、レプリカ、つまり別の船になるのでしょう？板材が1枚交換された時か、木の部材の半分が新品に変わった時か、それともそれ以外の割合で取り換えられた時でしょうか？　答えは交換のスピードに左右されるのでしょうか？　取り外した古い部材を集めて船を作ったら、どちらが本物のテセウスの船なのでしょう？　それとも両方ともテセウスの船ではないのでしょうか？　現代では、「シュガーベイブスの本質」という同種の問題があります。イギリスの女性歌手グループ「シュガーベイブス」は、1998年にシボーン・ドナヒー、マティーヤ・ブエナ、キーシャ・ブキャナンの3人が結成しました。メンバーは何度か入れ替わり、2009年にはハイディ・レンジ、アメル・ベラバ、ジェイド・ユウェンの3人になって、オリジナルメンバーが

いなくなります。2011年、ドナヒーとブエナとブキャナンは新しいグループを結成しました。どちらのグループが、"真の"シュガーベイブスであると主張する資格をより多く有しているでしょう？

　このような問題は、無生物の場合にはたいして重要ではないかもしれません（考古学者や文化遺産保護に携わる人々は、修復や再建された古代の建物や遺物はどこまでオリジナル——ないしオリジナルの正当な延長線上にある品——と言えるのかを議論するかもしれませんが）。しかし、テセウスの船のような思考実験を私たち自身に——特に個人のアイデンティティという主題に——適用した時、このテーマは新たな姿を見せはじめます。移植医療の技術が進み、人体のあらゆるパーツを、他人から提供されたり実験室で培養されたりした臓器や人工装具と取り換えられる時代が急速に近づいています。繰り返し手術を受け身体の大部分が交換されてしまった時、その人はまだ最初と同じ人なのでしょうか？　この問いへの答は、脳の大部分が置換されていない限りは「イエス」になる傾向があります。なぜなら、私たちが何者であるかの鍵を握っているのは脳だという考えが一般的だからです。

　当然ながら、事故で片腕を失って義手を付けた人が前と同じ人だということには、誰も異論を唱えないはずです。それに、私たちの身体を構成している原子や分子や細胞はある程度まで常に入れ替わり続けています。あなたがこの文章を読むのにかかる時間のあいだに、体内の細胞のうちおよそ5000万個が死んで新しい細胞と入れ替わっています。同種の細胞同士の交代が長期間にわたって続いていたり、移植を受けたり人工装具を装着した場合、私たちはアイデンティティへの脅威を心配しません。また、誰かが年をとっても、別の誰かになるのではなく本人のままだと考えます。しかし、交換が全部いっぺんに行われたらどうでしょう？　あなたの体を構成する要素すべてが、原子レベルまで、完全に同じコピーに突然置き換わったとしたら？

　テレポーテーション（瞬間移動）は、ある場所で粒子（より正確には、粒子の性質）が突如消えてなくなり、同じ瞬間に離れた場所に出現することです。これは光子のレベルではすでに可能になっています（量子テレポーテーション）[注]。もっと大きな物体でそうした「量子テレポーテーション」が実現するにはまだ長い時

間がかかるでしょう。しかし、仮に人間のテレポーテーションが可能になった
とします。あなたがロンドンで瞬間移動パッドに乗ると、身体のすべての原子
の位置と状態が詳細にスキャンされ、一瞬後にはシドニーでその情報に基づい
てまったく同じ種類と数の原子が集められ、この新しい成分であなたの身体が
再構成されます。再構成はあっという間に正確無比に行われるので、一瞬わず
かに意識の混乱はあっても、あなたはロンドンの古い身体がすでに分解されて
成分の原子は環境の中に戻されたことや、新しい身体がそのコンマ何秒かの後
に地球の裏側でまったく同じ状態の原子から作られたものであることを知覚す
ることはありません。あなたは、瞬きする間に1万マイル以上の距離を移動し、
まる1日近い飛行機の旅もそれにつきものの疲労や時差ぼけもなく、オースト
ラリアでの冒険に乗り出せます。シドニーで再構築された瞬間のあなたは、ロ
ンドンで前の身体が分解される瞬間と同じことを考えていさえします。さて、
2週間後の帰国日、あなたは前と同じ手順を逆向きに行い、シドニーで分解さ
れて1マイクロ秒後に正確なコピーがロンドンで作られます。瞬間移動パッド
から降りたあなたは日焼けしてリラックスし、自宅へ向かおうとします。とこ
ろがその時、あなたの携帯電話にオーストラリアの技術者から連絡が入りま
す。シドニー側で問題が起き、「古い」あなたが分解されずに残っているとい
うのです。シドニーの身体は、テレポーテーションは失敗だと言い、やり直し
か返金を要求している、と電話は告げます。さあ、「あなた」が2人になってし
まったようです。この「あなたたち」は、テレポーテーションの時点において、
記憶や思考まであらゆる点で同一な存在です。どちらが本物の「あなた」でしょ
う？　どうして2ヵ所に同時に存在できているのでしょう？　このような状況
であなたの意識や思考に何が起こるのでしょう？　意識がこんなふうに複製さ
れると、どんな感じがするのでしょう？

　人体テレポーテーションの技術的な壁はおそろしく高く、乗り越えられる見

〈邦訳版注〉量子テレポーテーションは、量子もつれと呼ばれる現象を利用します。2つ
　の量子がいったんもつれると、片方の量子の状態を観測したその瞬間にもう片方の量
　子の状態が確定するので、情報が瞬時に伝わったように見えます。もつれあった2つの
　量子はいくら離れていてもかまいません。光子は、量子の一種です。

通しはまったくありません。しかし、思考の内容をコンピューターにアップロードして、ある種の「知的・精神的不死性」を達成することの可能性はすでに議論されています。究極の目標は、私たちの記憶全体を保存することにとどまらず、非有機体の媒体の中で私たちの意識や、自身および周囲の世界についての能動的な経験を再創造することです。その際に最も重要になる問題は、そうした形で再構成されることが何を意味し、それがどんなふうに感じられるのかです。あなたの意識のコピーをひとつ作れるなら、メインの意識が失われたり損傷したりしたときのバックアップとして、2個目も3個目も作れます。この可能性からは、今後数十年のうちに、個人と倫理に関する興味深いジレンマが生じることでしょう。一方でこの可能性は、数学と人間の知性や精神との直接的リンクの構築にもつながるでしょう。アップロードを行う方法やそれに必要な計算科学的支援システムは、集中的で複雑な数学的分析および科学と工学の進歩の成果のはずです。もしも電脳世界での意識や経験の保存が実現したら、その結果、人間レベルの意識が無限に存在し維持される、新たな形が現出します。その時、感情と意見を排した客観的普遍性の究極の表現——数学——は、主観性の本質である「どのように感じるか」と出会うことになるでしょう。

　「時間」も逆説的な渦に囲まれた大いなる謎です。「双子のパラドックス」は思考実験のひとつで、双子のうち片方（A）が光速に近い速度の宇宙船で宇宙旅行に出発し、星間空間の長い旅の末に地球に戻ると、地球に残っていた双子のかたわれ（B）よりもずっと年をとっていない、という内容です。超高速で動いている物体では時間の進み方が遅くなることは、アインシュタインの特殊相対性理論で証明されています。双子のパラドックスが投げかける謎は、Aの状態を基準とした枠組みで見るとBの方が宇宙船と同じ超高速で反対方向に動いていると考えることができるのに、なぜBには時間の遅れが生じないのか、という問題です。けれども実際は見かけとは違い、AとBの役割は対称ではありません。Aは高速に達するまで加速しなければならないのに対し、Bは地球にいるので加速を経験しません。Aは地球の基準系から離脱しており、それにより、故郷に残ったBとは違う割合で年をとるのです。

　もし私たちが超高速移動の技術を開発できたなら、ものすごい速さで旅をす

ることで未来にジャンプできるのは証明済みですが、残念ながら時間旅行は一方通行です。私たちは過去に戻る方法を知りません。仮説にすぎない時空トンネル（ワームホール）に飛び込むといった予測不可能な未知の手段でも使わない限り、無理です。しかし、だからといって、人々が「もし時間を遡って過去に行けたら何が起こるか」と考えるのをやめるようなことはないでしょう。過去に戻ることで生じうる難題のひとつは、過去で何かを変えると私たちの未来での存在に問題が起きるという点です。映画『バック・トゥ・ザ・フューチャー』では、プルトニウムを動力源とするデロリアン型タイムマシンで1985年から1955年に跳んだ主人公マーティ・マクフライが思春期の母親に出会い、彼女は"未来から来た息子"とは知らずに彼に胸をときめかせてしまいます（そのままでは母が父と結婚せず自分が存在しなくなるとあせったマーティは、やっとのことでこの苦境を切りぬけます）。私たちが過去へ戻って、まだ少年である自分の祖父を偶然殺したとします。すると私たち自身が生まれなくなり、過去への旅行もなくなり、祖父が幼くして死ぬこともなくなります。この「祖父のパラドックス」は時間遡行旅行の可能性がないことの古典的な論拠です。それに対して、私たちが過去に戻ったらその時点で歴史が2本の枝に分かれるので、タイムマシン発明の結果として過去で何をしても、影響を受けるのは私たちに連なっている時間軸とは完全に別の枝で、従って論理的な矛盾や無限ループは回避される、とする説もあります。

　けれども、そうした矛盾やループを簡単に回避できない場合もあります。次の3つの文章が1枚のカードに書かれていると考えて下さい。

　(1) この文は十六文字から成っている。
　(2) この文は十九文字から成っている。
　(3) このカードに書かれている3つの文のうちひとつだけが正しい。

　(3) の文章は真でしょうか、偽でしょうか？　明らかに (1) は真で (2) は偽です。もし (3) も真ならば、カードの文章のうち2つが正しいことになり、その瞬間 (3) は偽になります。しかし、もし (3) が偽だとすると、カードの文章

のうちたったひとつだけが正しいという内容は嘘になりますが、その場合、唯一（1）の文章だけが正しいので、（3）もまた真でなければいけなくなります。単一の文章が同時に真でも偽でもあることは不可能です。それなら、真と偽のどちらでもないことは可能でしょうか？

この袋小路は、紀元前6世紀のギリシャの預言者・哲学者エピメニデスの名を冠した、クレタ人のパラドックスと似ています。エピメニデスは「すべてのクレタ人は嘘つきだ」と言ったとされます。エピメニデス自身がクレタ人なので、彼は自分自身も嘘つきだと言っていることになります。だとすると、一見したところ彼の発言はパラドックスのように思えます。しかし実は、仮にクレタ人がつねに嘘しか言わない人または真実しか言わない人だと仮定したとしても、これはパラドックスではありません。一部の人が間違うのは、もしエピメニデスが本当のことを言っているなら彼自身も含めてすべてのクレタ人は嘘つきだという（矛盾した）ことになり、もしエピメニデスが嘘つきなら彼を含めてすべてのクレタ人は正直だということになる、と考えているからです。これは実は間違いです。なぜなら、もしエピメニデスが嘘をついているなら、それは単にクレタ人の中には最低でも1人は嘘をつかない人がいるという意味にしかならず、別にすべてのクレタ人が正直者でなくても良いからです。

ただし、エピメニデスの発言を本物のパラドックスに変えることは容易です。紀元前4世紀のミレトスの哲学者エウブリデスが考案したとされる「嘘つきのパラドックス」は、歯切れよくこう述べます。「この文章は嘘である」。もしこの文章が真ならこの文章は偽であり、もし偽なら真だということになります。

エウブリデスの嘘つきのパラドックスは、異なるバージョンが何世紀にもわたって時々出現しました。ジャン・ビュリダンは神の実在の論拠としてこれを使いましたし、今から100年ほど前にイギリスの数学者フィリップ・ジョーダンは、1枚のカードの表と裏に2つの文章が書かれているバージョンを考案しました。片面には「このカードの反対側に書かれた文章は真である」、もう片面には「このカードの反対側に書かれた文章は偽である」というまったく逆の意味の文が記されていて、読み手を当惑させます。

嘘つきのパラドックスに単一の解を提示した人はいまだに現れていません。

無意味な言葉遊びだと一笑に付したり、カードに書かれた文章は文法的には正しいが、現実的な内容はないと言ったりするのが一般的な反応です。どちらもパラドックスを中途で強制終了させようという試みで、詳しく考えようとはしていません。前者は、このカードが実質のある問題を扱っていると認めることを拒絶しています。後者は、パラドックスに陥るという理由で、カードに書かれた文章に何か意味があることを否定します。表面上は、「この文章は嘘だ」という文章は「この文章はフランス語で書かれてはいない」と大差ありません。どうして、最初の文は無意味で、2番目の文は完璧に意味が通っているということがありうるでしょう？

　こうした頭の体操的な難問は、話題として面白いことを除けば、あまり実用的な役に立たないように見えます。ところが、自己矛盾に陥るパラドックスでありながら、現代数学の最も基本的な領域のひとつの発展に決定的な影響を与えたものがあります。そのパラドックスのうちでいちばん理解しやすい形は、「床屋のパラドックス」です。床屋が、「俺は自分で髭を剃らない人間全員の髭を剃る」と言います。その結果、彼はジレンマに陥ります——彼は自分自身の髭を剃るのか、剃らないのか？　もし彼が自分の髭を剃るとすると、彼は「床屋が髭を剃る対象（＝自分で髭を剃らない人）」ではないため、床屋は自分の髭を剃ることはできなくなります。もし彼が自分の髭を剃らないとすると、彼は床屋が髭を剃る対象になるので、彼は自分自身の髭を剃らなければなりません。このパラドックスのもっと抽象的な形に、イギリスの哲学者・論理学者バートランド・ラッセルがドイツの哲学者・論理学者のゴットロープ・フレーゲに宛てた1902年の手紙に書いた内容があります。フレーゲの立場で見ると、ラッセルの手紙はこれ以上ないほど悪いタイミングでした。フレーゲはちょうど、大著『算術の基本法則』第2巻の原稿を出版社に送ろうとしていたのです。ラッセルは手紙の中で、「自分自身を要素として含まないすべての集合を集めた集合」という、数学上の奇妙な主題に注目します。彼はそこで問います。この集合には自分自身が含まれているのか？　もしイエスだとすれば、この集合は「自分自身を要素として含まないすべての集合」の中には含まれない、つまり自分自身を要素として含まないことになります。もしノーだとすれば、この集

合は「自分自身を要素として含まないすべての集合を集めた集合」に含まれてしまいますから、自分自身が含まれていることになります。フレーゲは、自分が長年かけて構築してきた集合論の中ではこの悪魔的な罠を処理できないことに気付き、自身の集合論が日の目を見る前に打ち砕かれてしまったように感じて背筋が凍る思いをしました。

ラッセルのパラドックスと呼ばれるこの問題は、フレーゲが構築した「素朴集合論」の致命的な矛盾を明らかにしました。この場合の素朴という言葉は、集合論の初期形態——公理に基づかず、「普遍集合」(数学世界のすべての対象を含む集合) が存在すると仮定していた理論——を指します。ラッセルの手紙を読んだフレーゲは、その意味をたちまち理解しました。ラッセルへの返事に、彼はこう書いています。

> あなたによる矛盾の発見は私にとってこれ以上ない驚き、震撼とさえ言えるものをもたらしました。なぜなら私が自身の算術を構築するための土台を揺るがせたのですから。(…) さらに深刻なのは、私の第5法則が崩れてしまったため、わが算術のみならず、算術自体にとって唯一あり得た土台までが消え去ったように思えることです。

フレーゲが精魂込めて構築した理論の中心にこのパラドックスが存在することは、実質的に、その理論から生じるすべての言明が同時に真であり、偽でもあることを意味しました。いかなる論理体系といえども、パラドックスを内に抱えていたら役に立たないものとみなされます。

20世紀の冒頭に出現したラッセルのパラドックスは、論理学と数学の根幹を揺さぶりました。中核にパラドックスがあることで、論理学と数学が生み出す証明はどれも究極の信頼性を得られず、この両分野のいかなる理論も十分な根拠を持てません。もちろん、数学は実務上はそれまでどおりに機能しました。日常的な目的で数学を使う際に、$2 + 2 = 4$ が真で $2 + 2 = 5$ は明らかに偽だということを否定しようとする人は誰もいませんでした。けれども、そうしたことを証明する方法がない、それどころか数学に含まれるあらゆることを証明

できないという胸をえぐるような事実は残ったままでした。そもそもゲオルク・カントール、リヒャルト・デーデキント（このふたりについては第10章で無限を扱う際に詳述します）、ダーフィット・ヒルベルト（第1章で初登場し、第5章でもチューリング・マシンとの関連で出てきました）、フレーゲといった人々が積み上げ、それまでは数学の強固な基盤だと考えられてきた集合論が、ヴィクトリア朝後期に存在していたような形では証明されえないのですから。素朴集合論の崩壊が始まったのは、超限順序数（自然数を拡張した概念）に関する「ブラリ＝フォルティのパラドックス」がきっかけでした。発見者としてブラリ＝フォルティの名が付いていますが、この問題について1896年頃に最初に疑念を持ったのはカントールです。次いでバートランド・ラッセルがとどめを刺したことで、数学者たちには証明への信頼を捨てるか、素朴集合論に代わる別の理論を発見するかの二者択一しかないことが明らかになりました。最初の選択肢を選ぶわけにはいきません。ですから、集合論を根本から組み立て直し、その際に最初からパラドックスの匂いがするものはすべて排除する必要があったのです。

　答えは、形式体系と呼ばれるものの中にありました。常識による前提と、自然言語に依拠するルールから発展してきた素朴集合論とは対照的に、新しいアプローチは特定の公理の集合を定義することから出発しました。公理とは、正確な用語で提示され、最初から（証明なしに）真であると認められる言明ないし前提のことです。異なる体系や異なる論者によって、別々の公理系を自由に採用することができます。しかし、形式体系のなかでひとたび公理が宣言されると、その体系内で真である／偽であると言えるのは、最初の前提であるその公理から導かれ構築された内容だけになります。形式体系の成功の鍵は、最初に注意深く公理を選ぶことで、嘘つきのパラドックスのような破壊的で望ましからざるものの出現を完全に防げることです。

　パラドックスと呼ばれていても実際にはパラドックスではなく、単に直観に反するだけで真であるものや、自明のように見えて実は虚偽を述べているものもあります。数学の世界での古典的な例が、いわゆる「バナッハ＝タルスキのパラドックス」です。球体を有限個の部分に切り分け、それらを組み替えることで前と同じ体積の球体を2個作ることができるというのがその内容です。馬

鹿げていてありえないように思えるでしょう。実際、これは現実の球を刃物で切り刻んで糊でくっつけるという話ではない、と最初に理解しておくことが大切です。1個の金塊をスライスして組み替えても、決して同じ大きさの金塊2個になったりはしません。バナッハ＝タルスキのパラドックスは、私たちが住む世界の物理学の新事実ではなく、「体積」や「空間」その他の聞きなれたものごとが、数学の抽象世界では見知らぬ姿で現れることがあるのだ、という事実に関してたくさんのことを教えてくれるのです。

　ポーランドの数学者ステファン・バナッハ（バナフ）とアルフレト・タルスキがこの衝撃的な結論を発表したのは1924年でした。彼らの研究はイタリアの数学者ジュゼッペ・ヴィタリの先行研究を土台にしています。ヴィタリが証明したのは、単位区間（0と1の間の線分）を可算無限個のピース（$\frac{1}{2}$や$\frac{1}{3}$など分数で表せる有理数）に切り分け、少しずつスライドさせて長さが2の区間になるよう組み直すことが可能だ、ということでした。バナッハ＝タルスキのパラドックスは実際はパラドックスではなく証明であり、数学的な球体を作っている点の無限集合においては体積や量（ある種の計測ができる量）の概念をすべての部分集合について定義できないという事実を示しているため、数学者はしばしば「バナッハ＝タルスキの分割」と呼びます。要約すると、球体が複数の部分集合に分割され、それらの部分集合が平行移動と回転の操作だけを用いて前と違う方法で組み立てなおされる時に、一般的な感覚での「計測可能な量」は必ずしも保存されないということです。計測不可能なこれらの部分集合は極端に複雑で、通常の感覚でいう合理的な境界や体積を持っておらず、物質とエネルギーからなる現実世界では決して見つけられません。いずれにせよ、バナッハ＝タルスキのパラドックスは部分集合の作り方を指示してはくれません。単にそのような部分集合の存在を証明しているだけです。

　パラドックスは多様な形で現れます。私たちの論法の間違いにすぎないこともあれば、私たちが当然と思っていることがらに興味深い問題を提起するものもあります。さらには、数学という分野全体を破壊するほどの脅威になりうると同時に、数学の基盤をより堅固に作り直すきっかけを与えるものもあるのです。

決してたどりつけない場所
無限の話

数学における無限は、正しく扱わないといつだって手に負えない。
——ジェイムズ・ニューマン

打つ手がない——どうしたところで、無限は私を苦しめる。
——アルフレッド・ド・ミュッセ

空 間はどこかで行き止まりになるのでしょうか？　時間にはかつて始まりがあり、いつか終わるのでしょうか？　これ以上大きなものがない最大数は存在するのでしょうか？　子供でもこうした疑問を口にします。誰もが一度は無限に興味を持った経験があるのではないでしょうか？　けれども、無限は決して漠然としてあいまいな概念ではなく、厳密に研究することができます。そしてその研究結果は、信じられないほど直観に反していることがあります。

　「終わりがないこと」をめぐる考察は、哲学、宗教、芸術でも見られます。アメリカのジャズギタリストで作曲家のパット・メセニーはこう言っています——「僕がミュージシャンに求めるのは、無限を捉える感覚だ」。イギリスの詩人・画家のウィリアム・ブレイクは、人がものごとの真の性質を味わうことを感覚が妨げていると考え、「もし知覚の扉を浄化すれば、あらゆるものが人間の前にありのままの姿で——無限として——立ち現れるだろう」と述べました。フランスの作家ギュスターヴ・フローベールは、無限について考えすぎることの危険性を指摘しています。いわく、「無限に近寄れば近寄るほど、あなたは恐怖に踏み込んでいく」。

科学者もまた折々に無限に出くわします。その出会いは必ずしも気持ちの良いものではありません。1930年代の理論家たちは、亜原子粒子を理解するためのより良い方法を捜していた際に、計算結果では無限大まで膨れ上がる（発散する）物理量があることを発見しました。たとえば、彼らが電子を「大きさがゼロの粒子」として扱った時に無限大が現れました（電子‐電子散乱実験の結果から、電子はそのような性質を持つと示唆されています）。彼らの計算では、電子の周囲にある電場のエネルギーが無限大になってしまうという、ありえない結果になったのです。その後、「繰り込み」〔理論にあらわれる無限大の値を、実験で得られた有限な値に置き換えて、無限大を取り除く手法〕という数学的技法を使ってこの問題を回避する手法が発見されました。繰り込みは今では量子力学の標準的手法になっています。もっとも、一部の物理学者は依然として繰り込みの恣意的な性質に不安を抱いていますが。

　物理的スケールの点で亜原子粒子の対極に位置する分野では、宇宙論研究者が、宇宙の大きさは有限なのか、それとも全方向に果てしなく広がっているのかを解明する努力を続けています。今のところ、答えは出ていません。宇宙のうち、私たちが（少なくとも原理的には）見ることのできる部分——いわゆる「観測可能な宇宙」——は、およそ920億光年の広がりを持っています（1光年は、光が1年間に進む距離です）。この観測可能な宇宙は、宇宙全体のうち、ビッグバン以降に光が地球まで届くのに十分な時間があった部分です。観測可能な宇宙の外側にはもっとずっと巨大で、おそらくは無限の大きさを持つ空間があるのかもしれませんが、私たちにはそこにアクセスする手段がまったくありません。

　アインシュタインが一般相対性理論を発表して以来、私たちは、2次元の球面が湾曲するのと同じように、自分たちの住む3次元の空間も湾曲しうることを知っています。より正確に言えば、時空（空間と時間は密接に織り合わさっています）は学校で習う幾何学のわかりやすい法則には従っていないのです。私たちは、局所的なスケールで時空がゆがんでいることを知っています。太陽や地球など質量を持つあらゆる物体の周囲の時空は、ちょうどゴム製シートの上に重いものを乗せた時のようにゆがんでいます。けれども、宇宙全体が湾曲しているのか（非ユークリッド空間）それとも平坦なのかは、まだわかっていません。

第10章
決してたどりつけない場所

みなみのうお座にある銀河団 Abell S1077。ハッブル宇宙望遠鏡で撮影した画像。

宇宙論研究者がその解明に情熱を傾けるのは、宇宙の形によって宇宙の最終的な運命が決まるからです。

　もし宇宙全体で時空が湾曲しているとしたら、どうなるでしょう。その場合、宇宙は球面やドーナツと同じように閉じた形をしているかもしれません。そのような宇宙は、大きさには限りがあるものの、どんなに遠くまで旅をしても端や限りはありません。宇宙が馬の鞍の表面と似た形で果てしなく続いている可能性もあります。そのような宇宙は開いた形をしています。そして、無限に広がっていることもあれば、やはり有限であることもありえます。一方、宇宙が全体として平坦だとしてみましょう。その場合も大きさは有限と無限の両方の可能性があります。実際の宇宙がどういう形であれ、もし宇宙が最初に有限な大きさから出発したなら、ずっと有限なままでしょう（膨張はしつづけるかもしれませんが）。もし宇宙が無限大なのであれば、最初からずっと無限だったことになります。宇宙がこれまでもずっと無限だったという考え方は、よく知られ

たビッグバンの概念——原子1個よりもはるかに小さい領域から物質とエネルギーが誕生したという説——と食い違うように思えます。けれどもそこには矛盾はありません。一番最初の微小な領域というのは、観測可能な宇宙——地球に光が届く最も遠い場所までの宇宙——が、ビッグバンの開始から1秒よりはるかに短い時間が経過した時点でどういう大きさだったかをあらわしているにすぎないからです。たとえ観測されていなくても、宇宙全体〔観測可能な宇宙を含む、より巨大な宇宙の全体〕が最初から無限だった可能性はあります。宇宙が空間と時間の中で無限に広がっているという説も、有限だという説も、すっきり簡単に腑に落ちることはありません。けれども、考えをめぐらす場合にはおそらく有限説の方がより把握しにくいでしょう。哲学者で随筆家のトマス・ペインは次のように書いています。「空間に果てがないことを心に思い描くのは、言葉であらわせないくらい難しい。しかし、空間の果てを思い描く方がもっと難しい。われわれが時間と呼ぶものの永遠の継続を思い描くのは人間の力では及びもしないほど難しい。しかし、時間がなくなる時のことを思い描くのはそれ以上に不可能だ」。

　はるか遠くの銀河の研究を通じて天文学者がこれまでに集めた証拠は、宇宙が平坦で無限に広がっていることを示唆しています。ただ、現実の宇宙で時空に関する「無限」が何を意味するかは明確ではありません。私たちは空間と時間が永遠に続くかどうかを直接的な測定で証明することが決してできません。なぜなら、無限の彼方からの情報は決して受け取れないからです。また、それとは別の複雑化が時空の本質から生じます。物理学者たちは、物理的意味を持ちうる最小の距離と時間の単位があると考えており、それをプランク長とプランク時間と呼んでいます。言い換えれば、空間と時間は連続的ではなく粒子状である（つまり量子化されている）ということです。プランク長は極端に小さい長さで、わずか 1.6×10^{-35} メートル（陽子の幅の1億分の1のそのまた1兆分の1）です。プランク時間は光がプランク長を進むのに要する時間ですから、信じられないくらい短く、1×10^{-43} 秒未満です。それでも、物理宇宙の無限について語る際、私たちは時空の粒子性に注意を払わなければいけません。数学者たちが既に発見しているように、すべての無限が等しいわけではないのです。

　無限についての考察を初めて記録に残したのは、2000年以上前の古代ギリシャや古代インドの哲学者たちでした。紀元前6世紀のギリシャの哲学者アナクシマンドロスは、アペイロン（無限であること）が万物の根源であると説きました。同じくギリシャ人で100年ほど後に現れたエレアのゼノン（エレアは今の南イタリアにあった都市）は、数学的な視点から無限を扱った最初の人物でした。

　ゼノンが無限による災いに気付いたのは、パラドックスを通じてでした。彼は多くのパラドックスを考案しましたが、一番有名なのはアキレスと亀の競走です。神話の英雄アキレスは自分の勝利を疑わず、亀がコースをいくらか進んだ地点からスタートすることを許しました。しかし――とゼノンは言います――アキレスはどうすればのろまな亀を追い抜くことができるでしょう？アキレスはまず、亀がスタートした地点に到達しなければなりませんが、その時点で亀はいくらか先まで移動しています。その時の亀の位置にアキレスが到着すると、亀はまたその時間のぶんだけ先に進んでいます。これがいつまでも続きます。アキレスがさっきまで亀のいた場所に何度たどりついても、亀は少しだけ先に行っています。この展開には明らかに、私たちがしばしば考える無限の捉え方や現実の競争の様子との断絶があります。実際、ゼノン自身もこの問題やその他のパラドックスに当惑した挙句、無限について考えるのをやめることが最上の策であるのみならず、運動自体が不可能だという結論に達してしまいました。

　ピタゴラスと彼の学派にも、似たような衝撃が待ち受けていました。彼らは、宇宙の万物は究極的に整数によって理解可能だと信じていました。分数も、つまるところ、ある整数を別の整数で割ったものです。ところが、2の平方根――一直角をはさむ2辺の長さが1である直角二等辺三角形の斜辺の長さ――が、この整然たる宇宙の枠組みに収まることを拒否したのです。2の平方根は、2つの整数の割り算ではあらわせない「無理数」です。別の言い方をすれば、小数点以下が反復パターンにならずに永遠に続く数です。そのことをまったく知らなかったピタゴラス学派は、完璧だと思えた自分たちの世界観の中で2の平方根は奇怪な化け物だと考えて、その存在を隠し通そうとしました。

　ゼノンやピタゴラス学派の例は、無限を把握しようとする際の基本的な問題

点をよく物語っています。私たちの想像力は、まだ終わりに到達していないものを扱うことならできます。つまり、そこまでのトータルにひとつ足したり、そこから一歩進んだりすることはつねに思い描けます。しかし、無限をひとまとまりの形をもったものとして捉えようとすると、人の頭脳は戸惑います。数学者にとってこれは大きな頭痛の種です。なぜなら、彼らの主題は正確な量ときちんと定義された概念を扱うものだからです。明白に存在し、かつどこまでも続いているもの——$\sqrt{2}$（1.41421356237… で始まり予測できるパターンや繰り返しにならずにどこまでも続く）のような数や、限りなく直線に近づきつづける曲線——に、どう対処したらいいのでしょう？　アリストテレスは、2種類の無限があると論じて、ひとつの解決策を示しました。彼は、「実無限（または完結した無限）」は完全に実現された"終わりのなさ"であり、ある時点で実際に（数学的あるいは物理的に）達成されたものだとし、これは存在しえないと考えました。それに対して、「可能無限」は自然の中にはっきり見て取ることができる、とアリストテレスは主張します。たとえば終わりなく続く四季のサイクルや、黄金のかけらをどこまでも無限に分割していけること（彼は原子については知りませんでした）は、限りない時間の中に広がる無限であるという考えです。絶対的な無限と可能性としての無限を基本的に区別するこの考え方は、数学の世界で2000年以上も生き延びました。

　1831年には、カール・ガウスその人が次のような言葉で「実無限への嫌悪」を語っています。

　　私は無限大を完結したものとして扱うことには反対です。完結した無限は数学では決して許されません。無限とは単に言葉での言い方に過ぎず、その真の意味は、ある比率がある極限に限りなく近づき続け、別の比率は際限なく増大することが許されているということです。

　数学者たちは、可能無限だけに的を絞ることで無限級数や極限や無限小といった重要な概念を扱って発展させることに成功し、無限そのものを数学的対象と認める必要なしに微積分学にたどりつきました。しかし早くも中世初期に

無限の眺め

はいくつかのパラドックスと難題が現れ、実無限を簡単に脇へ追いやることはできないのではないかと提起しました。それらの問題は、「区別できる『もの』からなる集団のすべての構成要素と、その集団と同じサイズの他の集団の構成要素をひとつひとつ対応させてペアを作ることが可能だ」とする原則から生じていました。しかし、際限なく大きな集団にこの原則を適用すると、かつてエウクレイデスが示した常識に基づく考え方——すなわち、全体はつねにその中の部分よりも大きい——に反するように見えました。たとえば、すべての正の整数を偶数とペアにすることは可能です。1と2、2と4、3と6… という具合にです。このようなペアを本当に作りつづけることができるのかと思われるかもしれません。正の整数には奇数も含まれるからです。こうした問題を考察したガリレオは、「無限は、有限数とは異なる算術に従っているに違いない」と述べました。こうして彼は、無限に対してより見識ある姿勢で臨んだ最初の人物になりました。

　可能無限の概念に従うなら、十分に遠くへ、あるいは十分に長く進みつづければ無限に近づくと考えることができるので、私たちの不安は和らぎます。そ

こからほんの一歩進めば、「無限は非常に大きな数に似ていて、1兆や、1兆の1兆倍のさらに1兆倍は、10や1000よりも無限にいくらか近い」という一般に信じられている神話に至ります。しかし実は、この考え方は間違いです。数直線をずっと先まで進んだり、数を数えてどんどん大きな数へ向かっていっても、これっぽっちも無限には近づきません。私たちが1の位置にいても、どんなに巨大な有限数の位置にいても、無限からは同じだけ遠い（あるいは同じだけ近い）のです。見方を変えると、どの数にも——それがどれほど小さな数であっても——その内部に無限のすべてが含まれています。ですから、無限を求めてどんどん大きな数の方へ進んで行くのはまったく無駄なことです。実際は、たとえば0と1の間にも無限が存在します。なぜならそこには、$\frac{1}{2}$、$\frac{1}{3}$、$\frac{1}{4}$…という具合に、無限に多数の分数があるからです。無限は決して、巨大な有限数に似た何かではありません。無限を扱うには、有限数の領域の外へ飛び出し、無限を理解するための足掛かりとして有限数を使うのをやめなければなりません。

　ドイツの数学者ダーフィット・ヒルベルトは、無限の算術がどれほど奇妙かを、鮮やかなたとえで描写しています。1924年の講義でヒルベルトは、無限の数の客室があるホテルを想像してほしい、と言いました。客室の数が有限な普通のホテルでは、満室になったらそれ以上は宿泊客を受け入れられません。ところが、「ヒルベルトのグランドホテル」はまったく違います。1号室の客を2号室に、2号室の客を3号室に、というふうにすべての客をひとつ隣に移せば、新しい客を1号室に泊められます。また、1、2、3号室の客をそれぞれ2、4、6号室に移して奇数番号の部屋をすべて空ければ、無限に多くの客が新たにやって来ても部屋を確保できます。このプロセスは無制限に行えるので、たとえ無限の台数の車がそれぞれ無限の人数の客を乗せて到着しても、誰も追い返されません。この結果は私たちの直観をあざ笑うようですが、もともと私たちの直観は無限大を扱うことに慣れていません。無限に多くのものの性質は、有限多数のものの性質とは違うのです。ちょうど、科学において極小スケール（量子スケール）と日常生活レベルとで世界のふるまいが異なるのと同じです。ヒルベルトの無限ホテルの場合も、「すべての部屋に客が泊まっている」と「もっと多くの客が来ても泊まる部屋を用意できる」は互いに矛盾しません。

　無限に多くの要素を含む数の集合という現実を受け入れた時に私たちが踏み込む奇妙な世界は、そのような場所です。これは19世紀後半の数学者たちが直面した大問題のひとつでした。彼らは実無限を数として受け入れる準備ができていたでしょうか？　大多数はまだアリストテレスとガウスの側に立っていて、新しい考え方には否定的でした。しかし、ドイツの数学者リヒャルト・デーデキントと、そして誰よりもゲオルク・カントール（やはりドイツ人）をはじめとする少数の研究者は、無限集合の概念に確固たる論理的基盤を与える時が来たことを理解していました。

　無限という奇妙で落ちつきのない領域を開拓したカントールの身に降りかかったのは、同時代の多くの人々からの厳しい反対意見（特に、かつての師であるレオポルト・クロネッカーからの容赦ない非難）、ベルリン大学での職を得られなかったこと、そしてたび重なる精神の病いでした。後年の彼は時々精神病院の世話になり、シェイクスピアの著作が別人の作なのではないかと疑い、また、数学に関する自身の研究が哲学的にして宗教的でさえある意味を持っていると考えるようになりました。彼は祖国が第1次世界大戦を戦っていた1918年にサナトリウムで寂しく最期を迎えましたが、その名は現在では、集合論と、無限に関する私たちの理解とに根本的な貢献をしたことで記憶されています。

　カントールは、2つの有限集合が等しいかどうかを見分けるために使われる有名な「1対1のペアにする」原則を、無限集合にも同じくらいうまく適用できることに気付きました。そうすると、正の偶数は正の整数と同じだけ多数存在することになります。彼はこれをパラドックスとは捉えず、これこそが——全体が部分よりも大きくないことが——無限集合を特徴づける性質であると考えました。彼は続けて、すべての自然数の集合——負の整数を一切含まない0, 1, 2, 3, … の集合（ただし0を含まない場合もあります）——には、すべての有理数の集合——ある整数を別の整数で割った分数として記述できる数の集合——と正確に同じ個数の要素が含まれていることを示しました。彼はこの無限の数をアレフ・ヌル（$\aleph_0$）と呼びました。アレフはヘブライ語アルファベットの最初の文字で、ヌルはドイツ語の「ゼロ」です。アレフ・ヌルはアレフ・ゼロやアレフ・ノートと呼ばれることもあります。

あなたはもしかしたら、何かが限りなく大きい時に、それ以上に大きな別の何かが存在することなどどうしてできるだろう、だから無限の数というのは1種類しかありえない、と考えるかもしれません。しかし、そうではありません。カントールは、異なるいろいろな種類の無限があり、アレフ・ヌルはそのうちで最小であることを示しました。アレフ・ヌルの次に無限に大きいのがアレフ・ワンであり（カントールはこれを、アレフ・ヌルよりも「濃度が大きい」と表現しました）、そのアレフ・ワンの次に無限に大きいのがアレフ・ツーで、以下果てしなく続きます。想像力では捉えきれないかもしれませんが、アレフには無限に多くのサイズがあります。それだけでなく、それぞれのアレフに対応して異なる無限数が無限に多くあります。この事実から、無限の領域では基数と順序数の違いを区別して考えることが重要になります。

　日常使う言葉や算術では、基数は「物が集まっている時にそこにいくつあるか」を教えてくれます。つまり1や5や42やその他もろもろの数が基数です。一方、順序数は順序や位置を示します。1番目、5番目、42番目、などです。この2種類の数の区別は、一見すると明確でそれほど重要ではないように思えます。たとえば鉛筆を考えて下さい。鉛筆が少なくとも5本含まれたグループを持っていなければあなたは5番目の鉛筆を手にすることはできず、また、7本のグループを持っていても5番目の鉛筆を手にすることができる、ということは明白です。また、5本の鉛筆を持っていても、鉛筆に順番をつけていなければ、5番目の鉛筆がないこともありえます。しかし、こうした小さな差異を脇に置くと、私たちは基数と順序数に同じ数字を使うことができます。1（あるいは1番目）、5（あるいは5番目）、42（あるいは42番目）といった具合です。そして、基数と順序数がどう異なるかはあまり気にしません。ところがカントールは、無限の数を扱う際にはこの違いが極めて重要になることに気付きました。これを正しく理解するためには、カントールとデーデキントの決定的な貢献によって発展した数学の一分野、すなわち集合論をざっと見る必要があります。

　集合は、ものの集まりです。そのものが数でも他のものでもかまいません。数学では、波括弧で前後を囲んで集合であることを示します。たとえば、{1, 4, 9, 25} と {矢, 弓, 75, R} はどちらも集合です。集合の大きさ（いくつの要素を

含んでいるか)を集合の濃度といい、基数であらわします。上で例にあげた集合はどちらも元(要素)が4つですから、濃度は4です。一般的に、2つの集合の濃度が等しければ、片方の集合の各要素ともう片方の集合の各要素を、余りを出さずにペアにできます。言い換えれば、両方の集合は1対1の対応関係にあります。たとえば、1と75、4と矢、9とR、25と弓をペアにして、2つの集合の濃度が同じであると示すことができます。有限基数——有限集合の濃度を測る基数——は、自然数(0, 1, 2, 3, …)だけです。最初の無限基数はアレフ・ヌルで、すでに見たように、すべての自然数の集合の濃度をあらわします。

有限集合では、基数であらわされる集合の濃度と順序数であらわされる集合の「長さ」の違いは極めてわずかで、そこにこだわるのは衒学者くらいです。けれども無限集合においては両者はまったく別の生き物である、とカントールは気付きました。どれほど違うかを把握するには、「整列集合」という考え方を理解する必要があります。ある集合が整列とみなされるのは、次の2つの条件を満たした場合です。まず、確定した1番目の元(最小元)がなくてはならず、次に、部分集合のそれぞれにも、その部分集合内での最小元がなくてはいけません。たとえば、有限集合 {0, 1, 2, 3} は整列集合です。この集合はすべて整数から成ります。それに対して、正の整数だけでなく負の整数も含む集合 {… −2, −1, 0, 1, 2, …} は、最小元がないので整列集合ではありません。すべての自然数の集合 {0, 1, 2, 3, …} は整列集合です。なぜなら、特定の「おしまいの元(最大元)」はないものの最小元はありますし、すべての部分集合は自然数しか含まないので、どの部分集合にも最小元があるからです。

さて、ここでのキーポイントは、同じ濃度(つまり同じ大きさ)の整列無限集合が違う長さを持ちうるという点です。これは、数学者にとってすら簡単には把握しにくい概念です。厳密には「違う長さ」ではなく「違う順序型」と表現すべきですが、なじみのある言葉を使った方が何が起こっているかを理解しやすいので「長さ」と書きました。{0, 1, 2, 3, 4, …} と {0, 1, 2, 4, …, 3} という2つの集合を考えます。三点リーダー(…)は、4から先が「永遠に続く」ことを意味しますが、2番目の集合では一番最後に3が置かれています。どちらの集合もすべての自然数を含み、従って濃度(大きさ)は同じアレフ・ヌルという基

数であらわされます。しかし、2番目の集合の方がわずかに長いのです。ちょっと見ると、これには何の意味もないように思えます。有限集合であれば $\{0, 1, 2, 3, 4\}$ と $\{0, 1, 2, 4, 3\}$ はどちらも5つの元を含んでいるので、順番を入れ替えても結局のところ長さは同じです。ところが、無限集合は恐ろしいまでに直観に反しています。集合 $\{0, 1, 2, 3, 4, \cdots\}$ は有限の最大元を持ちません。三点リーダーは、その先が止まることなく永遠に続くことをあらわしているからです。けれども $\{0, 1, 2, 4, \cdots, 3\}$ は違います。この集合も、永遠に続く連続した元を含んでいますが、決して終わらない数字の並びの先に、1個の最大元があります。もしもこの3を取り去ってしまえば、$0, 1, 2, 3, \cdots$ という数列と $0, 1, 2, 4, \cdots$ という数列の長さは同じです。言い換えれば、両方の集合のすべての元をペアにして、何も余らないようにできます。しかし、3を末尾に移して無限の数列の後に置くと、長さが1増えるのです。違う考え方をしてみましょう。第一の集合 $\{0, 1, 2, 3, 4, \cdots\}$ は、1番目の要素 (0)、2番目の要素 (1)、3番目の要素 (2)、4番目の要素 (3)、そして以下延々と続く要素を含んでいます。第二の集合には、やはり1番目の要素 (0)、2番目の要素 (1)、3番目の要素 (2)、4番目の要素 (4) などなどがあります。しかし、3という要素だけは、それとは別です。3は他のすべての数字の並びの後に置かれるので、この3に割り振られる順序数——3という数字が持つ値ではなく、それが何番目に現れるかという順番——は、それ以前の数列のどんな数よりも大きいのです。

アレフとは別に、この種の無限数の命名システムが必要です。数学者は、最小の無限順序数——すべての自然数の集合の、最小の長さ——を、オメガ (ω) と呼んでいます。集合 $\{0, 1, 2, 4, \cdots, 3\}$ の順序数は、他のすべての自然数の後に3が置かれているので、ω より1大きい $\omega + 1$ です。別の言い方で、3は集合 $\{0, 1, 2, 4, \cdots, 3\}$ の ($\omega + 1$) 番目の要素である、と表現することもできます。ここでの+記号は少し混乱を招きやすいのですが、通常の足し算をあらわしているのではなく、$\omega + 1$ は ω の次の順序数だという意味です。ω に足すことはできますが、ω から引くことはできません。すべての自然数の集合から3を取り去った $\{0, 1, 2, 4, \cdots\}$ の順序数は、やはり ω です。$\omega - 1$ はありません。変だと思われるかもしれませんが、それは私たちが普段は有限数ばかり

扱って、それに慣れてしまっているからです。すべての自然数の集合は無限なので、{0, 1, 2, 4, …} の例で見たように、どれだけ有限多数の要素を取り去っても、集合の「長さ」を減らすことはできません。一方で、取り去った要素を集合の末尾に入れて、長さを増すことは可能です。

　要約すると、アレフ・ヌルとωはどちらも同じ集合——自然数の集合——についての説明です。アレフ・ヌルはその濃度（要素がいくつ含まれているか）をあらわす基数で、ωはその最小の長さをあらわす順序数です。この長さは、集合の要素を取り出して末尾に付けることによって増やせます。たとえば集合 {2, 3, 4, …, 0, 1} の濃度は基数アレフ・ヌルであらわされますが、長さは順序数 $\omega + 2$ であらわされます。「永遠に続く」を意味する三点リーダーの後ろにどんどん多数の要素を移動させることで、自然数の集合の長さを $\omega + 3, \omega + 4,$ …と増やしつづけると、$\omega + \omega$（あるいは $\omega \times 2$）までたどりつきます。$\omega \times 2$ の集合の一例は、すべての偶数の部分集合の後ろにすべての奇数の部分集合を置いた {0, 2, 4, …, 1, 3, 5, …} です。どちらの部分集合も長さはωだからです。同様の作業を続けて要素を末尾に移動させることもでき、たとえば {2, 4, …, 1, 3, 5, …, 0} にすれば $\omega \times 2 + 1$ の集合になります。さらにωのべき乗に進んで$\omega^2, \omega^3,$ … という具合にωのω乗（ω^ω）まで増やすことが可能です。その次には、ωのべき乗を積み重ねる、つまりべき乗のべき乗のそのまたべき乗というふうにして（べき乗タワー）、高さがωの塔を作ることもできます。最終的にはそれを超えた先に新しいレベルが待っています。カントールが「エプシロン・ゼロ（ε_0）」と呼んだ順序数がそれです。有限順序数を超えた最小の順序数がωだったように、ωの足し算、掛け算、べき乗で表現できるどんな順序数をも超えた最小の順序数がε_0です。ここがエプシロン数の領域の入り口で、オメガ数と同様にエプシロン数も無限大です。オメガについて説明したプロセスはエプシロンでも同様に適用され、エプシロンを使って可能な数学的操作がすべて尽きるまで（エプシロンのべき乗タワー、さらにはエプシロンのべき乗タワーのべき乗タワーも含めて）行われます。すると、今度は「ゼータ・ゼロ（ζ_0）」で始まるまた別の無限順序数のレベルに到達します。これが延々と続くのです。

この手順を続けるうえで一番の難点は、表記法です。エプシロン、ゼータ…と使っていくうちに利用可能なギリシャ文字がなくなり、はるかに続く無限順序数の階層をあらわすための他の順序数記述システムも尽きてしまいます。莫大な無限順序数を記述する、もっと強力でコンパクトな方法を発見しなければならないという問題とともに、技術的難度もどんどん上がっていきます。ゼータ・ゼロがはるか後方にかすむくらい進んでいく間にはいくつかの"里程標"があり、それぞれに関連した研究者の名前が付いています。たとえば、フェファーマン・シュッテの順序数、小ヴェブレン順序数と大ヴェブレン順序数（どちらも桁外れに巨大です）、バッハマン・ハワード順序数、チャーチ・クリーネ順序数（アメリカの数学者アロンゾ・チャーチと教え子のスティーヴン・クリーネが最初に発表）などです。これらの順序数のどのひとつについても、何を意味しているかを正しく解説するだけで1冊の本が書けます。それくらい、背後にある数学が深遠なのです。たとえばチャーチ・クリーネ順序数は理解不能なほど巨大すぎて、そこまであらわせる表記法がありません。

　今挙げたような順序数は専門の数学者でもめったに出会わないものですから、一般の人にはまず縁がありません。しかし重要な点は、これらの順序数がすべて「可算である（数えられる）」ことです。言い換えるなら、ω から始まってここまでお話してきた無限順序数は、すべて自然数と1対1で余りを出さずに対応させることができます。これは、どの集合の数列も自然数の順番を並べ替えただけだということを考えれば、辻褄が合います。また別の言い方をすると、それらの濃度——集合の大きさ——はすべてアレフ・ヌルという基数であらわされます。エプシロン・ゼロに到達しても、さらには強大なチャーチ・クリーネ順序数に至ったとしても、最初の出発点よりも大きな無限に近づいたわけではありません。たしかにこれらの順序数は巨大ですが、単にすべての自然数の集合の順序付けに関する異なる方法をあらわしているだけなのです。より大きな無限とは、アレフ・ヌルを超越した無限であることを意味します。しかしどうすればそれが可能なのでしょう？

　アレフ・ヌルは私たちが普段扱い慣れている数とは異なるふるまいをします。$1 + 1 = 2$ ですが、アレフ・ヌル + 1はアレフ・ヌルのままです。アレフ・

ヌルにどんな有限数を足したり引いたりしても、答えはアレフ・ヌルのままです。ということは、「10本の緑のビン」の歌に新しい替え歌を作れます〔「10本の緑のビン（Ten Green Bottles）」は、壁に吊るされた10本のビンが1本ずつ落ちて数が減っていき、最後にはなくなってしまうというイギリスの数え歌〕。〜♪壁にアレフ・ヌル本の緑のビン、壁にアレフ・ヌル本の緑のビン、1本が落っこちて割れちゃったら、壁にあるのはアレフ・ヌル本の緑のビン♪〜（これが永遠に続きます）。有限数を引いたり足したり掛けたりしてアレフ・ヌルを変えることはできませんし、アレフ・ヌルにアレフ・ヌルを掛けたとしても同じです。しかしカントールは、現在彼の名を冠して呼ばれている定理を用いて、無限には階層構造があることと、その階層ではアレフ・ヌルが最小であることを示しました。アレフ・ヌルの次の無限基数であるアレフ・ワンはアレフ・ヌルよりもずっと大きく、すべての可算順序数の集合（つまり、濃度がアレフ・ヌルであらわされる順序数からなる集合）と同じ濃度です。アレフ・ワンであらわされる濃度を持つ集合の順序数を数列で明確に示すのは困難ですが、$\{0, 1, 2 \cdots \omega, \omega + 1 \cdots \omega \times 2 \cdots \omega^2 \cdots \omega^\omega \cdots \varepsilon_0 \cdots\}$（以下ずっと続く）のようにして、あらゆる可算順序数（自然数を並べ替えることで得ることが可能なすべての長さ）をリストにして並べると、その順序数はオメガ・ワン（アレフ・ワンであらわされる濃度を持つ集合全体の各順序数の中で最小のもの）になります。

　ここで「可算」とは何かを簡単におさらいすると、数列あるいは集合の要素を数え上げることができる、という意味です。「可算である」は、数列として並べることのできるものについて言われます。その際に、その数列の中で通常の順序に並んでいる必要はありません。ヒルベルトの無限ホテルのように、いくらかの入れ替えが必要になることもあります。自然数は可算なので、自然数の集合の濃度をあらわすアレフ・ヌルは可算無限基数だと言われています。アレフ・ヌルであらわされる濃度を持つ集合の長さは、最小の無限可算順序数であるωや、無限に多数あるその他の可算な無限順序数であらわされます。このように無限に多数の可算順序数が出てくるのは、順序数の場合は順番に関する情報が関わってくるぶん、基数よりはるかに細かい区別をしなければならないからです。それでもなお、ω以降のすべての可算順序数は、エプシロン数やそ

の他全部も含めて、どれも同じ濃度——つまりアレフ・ヌル——です。ところが、アレフ・ワンでは劇的な変化が起こります。アレフ・ワンはアレフ・ヌルと比べて言葉で表現できないくらい大きいだけでなく、「非可算」なのです。アレフ・ワンであらわされる濃度を持つ集合の長さは、最小の非可算順序数であるオメガ・ワン（ω_1）であらわされます。

先ほどアレフ・ワンは可算順序数の集合の濃度だと説明しましたが、他の説明はないのでしょうか？　アレフ・ヌルはすべての自然数の集合の濃度です。アレフ・ワンも、何か私たちになじみがあって概念を把握しやすいものと関連しているでしょうか？　カントールは、そのはずだと考えました。彼は、アレフ・ワンが数直線上の点の総数に等しいと信じていました。そして数直線上の点の総数は、驚くべきことに2次元以上の空間内に存在する点の総数に等しいということを彼は発見したのです。この空間内の点の無限性は「連続体濃度（c）」と呼ばれ、すべての実数の集合（すべての有理数とすべての無理数を合わせたもの）でもあります。実数は自然数とは違って数えられません。仮に、私があなたに「実数の数列で357の次に来る数は何か」と尋ねたとします。あなたは実数の並びを変えたり、好きなだけ多くの戦略を立てて実数を作成したりできますが、それでもなお、あなたが永遠に数えつづけたとしても決して数えることのできない実数が存在します。

カントールは、「連続体仮説」という考え方を提示しました。それによれば、c はアレフ・ワンと等しく、別の言い方をするなら、自然数全体の集合の濃度と実数全体の集合の濃度の中間の濃度を持つ無限集合は存在しない、ということになります。けれども、多大な努力にもかかわらずカントールはこの仮説を証明することも反証を示すこともできませんでした。現代の私たちはその理由を知っています。そしてその理由は、数学の根本にかかわっています。

1930年代にオーストリア生まれの論理学者クルト・ゲーデルが、集合論の標準的な公理ないし前提から出発する限り、連続体仮説が間違っていると証明することは不可能だと示しました。そのためにゲーデルは「構成可能集合」と呼ばれる集合の厳密な仕組みを考え、構成可能集合の中ではすべての公理が成り立ち、連続体仮説が真であると示しました（ただし、構成可能集合の仕組みだけ

が唯一のそうした仕組みであるわけではありません）〔構成可能集合は、要素を一切持たない集合である「空集合」を階層的に組み立てることのできる集合です。通常の数だけでなく、面積や体積などあらゆる数学的な対象をあらわすことができます〕。それから30年ほど後、アメリカの数学者ポール・コーエンが、同じそれらの公理系を使っても、連続体仮説の正しさを証明できないことを示しました。言い換えれば、連続体仮説は、数学者が使う通常の枠組みの中では正しいかどうかを決められない状態にあるということです。このような状況は、ゲーデルの有名な不完全性定理が登場して以来、あってもおかしくないことでした（不完全性定理は第5章でも取り上げたように、十分に複雑な公理系すべてにおいて、もしもその公理系が完全であれば、証明も反証もされえない言明が存在するという内容です。これについては、最終章で不完全性定理を再び取り上げる際にもう少し詳しく論じます）。しかし、連続体仮説の独立性はその時点でも数学者にまだ不安をもたらしました。というのも、連続体仮説は、数学理論の大部分がその上に築かれ、広く受け入れられている公理系から出発しているにもかかわらず、真とも偽とも決められない重要問題が存在することの、最初の具体例だったからです。

　連続体仮説が最終的に真なのか偽なのか、そもそもこの仮説は意味のある言説なのかをめぐる議論は、今も数学者と哲学者の間で続いています。さまざまなタイプの無限の性質と無限集合の存在に関して言えば、それらはどの数論を使うかに決定的に左右されます。「すべての整数を超えた先には何があるのか？」という問いに対して、異なる公理と公式からは異なる答えが導き出されます。すると、多様なタイプの無限を比較したり、それらの相対的な大きさを判定したりすることは困難に ―― あるいは無意味にさえ ―― なりかねません（もっとも、それぞれの記数法の内部では、通常は無限を明確な順番で並べることができます）。

　アレフ・ヌルを超えた先に基数からなるタワー状の階層があります。連続体仮説が真だと仮定すると（そう考えた方が役に立つ結果を導けるので、大部分の数学者はこの立場です）、アレフ・ヌルの次に大きな無限基数は、すべての実数の集合の大きさに等しい（すなわち、アレフ・ヌルの要素を異なる順序で並べるすべての並べ方に等しい）アレフ・ワンです。その次にくるのはアレフ・ツー（アレフ・

ワンの要素を異なる順序で並べるすべての並べ方に等しい)、次いでアレフ・スリー、アレフ・フォー、というふうに果てしなく続きます。アレフ・ヌルであらわされる濃度の集合に対して、無限に多数の順序数でその集合の長さがあらわされたように、それぞれのアレフに対して無限に多数の順序数が対応しており、そのなかで最小なのは、アレフ・ヌルの場合は ω であり、アレフ・ワンでは ω_1、アレフ・ツーでは ω_2、という具合にずっと続きます。無限に多数のアレフがあり、それぞれがひとつ前のアレフよりも無限に大きいにもかかわらず、数学者たちは、考えうるあらゆるアレフを超えるサイズの基数を思い描くことができます。そのためには、彼らは、数学的主題と手段についての通常の基盤を超えた先にある強制法と呼ばれるものへ移行しなければなりません (ちなみに強制法は前述のポール・コーエンが開拓した技法です)。これを行うと、「巨大基数」という、名前だけは平凡な概念に行きつきます。巨大基数は実際は途方もなく巨大で、マーロ基数や超コンパクト基数といった特別な名前を持つものも含まれています。

　最後に (少なくとも今のところは)、「絶対無限」という考え方があり、時に大文字のオメガ (Ω) であらわされることがあります。これは、他のすべての無限を超越する無限です。カントール自身がこれに言及していますが、主として宗教的な意味合いで述べています。彼はルター派の熱心な信者で、学術論文にもキリスト教的な信念が時折顔を出しました。彼にとって Ω は、もし実在するとすれば、彼が信じる神の御心の中だけに存在できるものでした。その意味で、この Ω は大いなる形而上学的思索にとどまっています。純粋に数学に忠実であれば、絶対無限を厳密に定義することはできません。そのため数学者たちは、哲学的考察をしたい気分の時以外、たいていはこの問題を無視します。すべての集合を集めた宇宙——いわゆるフォン・ノイマン宇宙——の要素の数をあらわすものとしてこれを使いたいという誘惑もあるかもしれません。しかし、フォン・ノイマン宇宙は実際は集合ではないので (むしろ、集合が集まったひとつのクラスです)、基数であれ順序数であれ特定の種類の無限を定義するために使うことはできません。それ以上に論争を呼んでいるのは、Ω は 1 を 0 で割った答えと考えるのが最も賢明かもしれないという点です。これは通常は数学で定

義されていない手順です（ただし、射影幾何学などある種の幾何学の形式では実行可能で、「無限遠点」や「無限遠直線」といった概念を生み出しています）。Ωの探求は、未来の何世代もの数学者、論理学者、哲学者たちの意欲をかきたてつづけるでしょう。一方私たちには、頭をいっぱいにするのに十分なだけたくさんの無限があり、しかもそれぞれの無限はひとつ前の無限よりも無限に大きいのです。

　最後にひとつ考えてみましょう。これらの数学的無限の中に現実世界で成立しているものはあるでしょうか、それともすべては純粋に抽象的な概念なのでしょうか？　前にも触れたように、宇宙の研究者たちは、私たちが属するこの宇宙が空間と時間の中で幾何学的に平坦で果てがないことを解明しつつあります。もしも宇宙が永遠に広がっているなら、その宇宙はどういう種類の数学的無限と対応しているのでしょう？　時空は離散的な量——プランク長とプランク時間——によって構築されているように見えます。これが事実なら、時空は数直線上の点（実数）とは違って連続的ではないことになります。ですから、もしも現実の宇宙が無限大であれば、それと数学的に対応しうる無限は、実数の集合の大きさに等しいアレフ・ワンではなく、数ある無限の中でも最小のアレフ・ヌルだけであるように思われます。

巨大数
想像すらできないほど大きな数

> 整数で問題なのは、われわれがこれまでに調べたのはとても小さい整数ばかりだということだ。もしかすると、わくわくするようなことはすべて、本当に巨大な数——われわれがいかなる明確な方法を使っても決して考える端緒にすら立てないくらい巨大な数——の部分で起こっているのかもしれない。
>
> ——ロナルド・L・グラハム

子供に、「きみが思いつける一番大きい数はなに？」と尋ねると、「500億の10億倍の1兆倍の1兆倍の1兆倍の……」というふうに息が切れるまで1兆倍しつづけることがよくあります。そこに「何億兆」や「何兆億」のように漠然とした言葉が加わることもあります。こういった数は確かに日常生活の基準で考えるとうんと大きな数です。地球上の生物の総数や、宇宙のすべての星の数よりもずっと大きいかもしれません。けれども、数学者が扱う本当に気が遠くなるほど巨大な数と比べれば、お話にならないほどちっぽけです。仮にあなたが成人後の人生のうち睡眠時間以外のすべてを使い、1秒に1回「～の1兆倍」とひたすら言いつづけたとします。そうやって生涯かけて到達する数でさえ、これからお話しする"数の宇宙"の怪物たち（たとえばグラハム数、TREE(3)、とんでもなく巨大なラヨ数など）から見ると、吹けば飛ぶような小ささです。

非常に巨大な数について、歴史上最も早い時期に系統立てて考察した人物のひとりが、古代ギリシャのアルキメデスです。紀元前278年頃にシケリア島（シ

第11章

巨大数

チリア）のシュラクサイ（シラクサ）で生まれた彼は、古代最大の数学者として広く認められ、歴史全体を通じても最も偉大な数学者のひとりとされています。彼は、世界には砂粒がいったいいくつあるか、さらには、いくつ砂粒があれば宇宙全体を満たせるかを考えました（古代ギリシャ人は、宇宙の広がりの果てには"固定された星"——夜空に見える星のうち、惑星とは明らかに異なる星々——が固着している球があると信じていました）。アルキメデスの論文『砂粒を数えるもの』の冒頭には次のように書かれています。

> ゲロン王さま。世の中には、砂粒の数は無限に多数だと考えている人々がおります。私が言う砂粒は、シュラクサイやそれ以外のシケリア島全体にある砂だけでなく、人が住むと住まずとを問わずあらゆる地域に存在する砂を意味します。また、砂粒の数が無限だとは思っていないものの、その数をしのぐほど大きな数で呼び名がつけられたものはないと考えている人々もいます。

　宇宙を満たす砂粒の数の見積りの準備段階として、アルキメデスは当時使われていた大きな数の命名システム——大きな整数を定義しようとしたすべての数学者の前に立ちはだかってきた課題——の拡張に取りかかりました。古代ギリシャ人は1万をムーリオス（*murios*）と言っていましたが、この単語の元の意味は「数えきれない」です。ムーリオスはラテン語ミュリアス（*myrias*）を経て英語のmyriad（無数、1万）へとつながっていきます。真に巨大な数の領域へ分け入るための出発点として、アルキメデスは「万万（1万の1万倍）」つまり100,000,000（1億）、現代の記数法では10^8を用いました。これは、当時のギリシャ人が実用的に使っていたいかなる数よりも、はるかに大きい数でした。そして彼は、「1万万」までの数を「第1級」の数としました。次に、「万万」に「万万」を掛けた数（10^{16}、1の後ろに0が16個並ぶ）までを「第2級」と呼び、同様にして万万倍ごとに第3級、第4級と"級"が上がっていく体系を作りました。やがて彼は、万万番目の級、言い換えれば10^8を10^8回掛けた数、すなわち10^8の10^8乗に辿り着きます。このプロセスで、8億桁までの数をあらわすことが可

能になりました。彼はそこまでの数全部を「第1期」の数と規定します。そして、$10^{800,000,000}$ を第2期の出発点にして、同じ手順を繰り返しました。第2期の級も同じ方法で定義され、新しい級はひとつ前の級の万万倍です。第万万期の最後に、彼は $10^{80,000,000,000,000,000}$ 、すなわち「1万万」を、「万万×万万」乗した数に到達しました。

実は砂を数える試みに関して言えば、アルキメデスは第1期より先まで行く必要はありませんでした。彼の考えた宇宙の枠組みでは、固定された星々の天球までの宇宙空間全体

アルキメデス。彼は「数学をその美しさゆえに純粋に愛して近づく者にのみ、数学は自身の秘密を明かす」と信じていました。

は、今でいう「太陽を中心として直径2光年の範囲」と等しい大きさでした。彼が想定した砂粒の大きさを基準にすると、宇宙を巨大な砂場に変えるのに要する砂は 8×10^{63} 粒で、たかだか第1期第8級の数です。仮に現在知られている観測可能な宇宙（直径920億光年）を満たすとしても、砂が入る空間はおよそ 10^{95} 粒ぶんで、第1期第12級の数にしかなりません。

アルキメデスは大きな数を扱った"西洋の魔術師"と言ってよいかもしれませんが、ほどなく東洋の賢者たちが巨大数の道をもっとずっと先まで探検します。サンスクリット語で仏陀の前半生を記した古代インドの経典『方広大荘厳経』（3世紀頃）には、シッダールタ（仏陀）が数学者アルジュナにコーティ（1000万）〔漢字では倶胝（くてい）〕から始まる記数法を説明するくだりがあります[注]。この出発点か

ら、100倍ごとに新しい数の名前が現れます。100コーティはアユタ〔阿由多〕、100アユタはニユタ〔尼由多〕というふうに大きくなっていき、タラクシャナ〔怛羅絡乂〕では1の後ろに0が53個並びます。それ以上に大きな数の名前も挙げられ、たとえばドゥヴァジャグラヴァティ〔度攞阿伽羅摩尼〕は10^{99}、最後のウッタラパラマヌラジャプラヴェサ〔随入極微塵波羅摩呶羅闍〕は10^{421}です。

　別の経典には、もっと上の単位——涙が出るくらい遠い先——までが書かれています。『華厳経』は、互いに関連しあう無限に多数のレベルの宇宙があると説きます。八十華厳の第30〔阿僧祇品〕で仏陀が説明する巨大な数を見てみましょう。10^{10}から出発し、これを2乗して10^{20}を得、それを2乗して10^{40}とし、同様に10^{80}、10^{160}、10^{320}と進んで、やがて$10^{101,493,392,610,318,652,755,325,638,410,240}$に辿り着きます。これをさらに2乗すると、「計算不能な数」という意味の「無量」になります。その先はサンスクリット語の最上級をあらわす単語のオンパレードで、「無量転」「無辺」「無等」「不可数」「不可称」「不可思」「不可量」「不可説」などを経て、最後に「不可説不可説転」になります。不可説不可説転は$10^{10 \times (2^{\wedge}122)}$です（^という記号は、その前にある数を後ろの数の回数だけ掛けることを示します。つまり、2^122は2^{122}と同じことです）。この数と比べればアルキメデスが著作で示した$10^{80,000,000,000,000,000}$も子供だましのようなもので、アルキメデスのこの数を不可説不可説転と同じ土俵に乗せるには、およそ66,000,000,000,000,000,000乗しなければなりません。

　アルキメデスも仏教経典も、それぞれが考える宇宙の広大無辺さを印象づけるために巨大な数を使いました。仏教でも、名前を付けることで人はその数に対して一定の力を及ぼすことができると考えられていました。しかし数学者は一般に、どんどん大きくなる数に名前を付けて表現すること自体を目的として記数法を考えることには、あまり興味を持ちません。英語ではmillion（100万）やbillion（10億）のように大きな数に–illionという語尾を付けますが、その起源は15世紀のフランスの数学者ニコラ・シュケーに遡ります。彼はある論文で大きな数を6桁ごとに区切ってグループ分けし、それぞれのグループの呼び方を次のように提案しました。

〔最初が〕milliom、2番目はbyllion〈注〉、3番目はtryllion、4番目はquadrillion、5番目はquyillion、6番目はsixlion、7番目はseptyllion、8番目はottyllion、9番目はnonyllionという具合に、好きなだけどこまでも続けることができる。

1920年、アメリカの数学者エドワード・カスナーが9歳の甥ミルトン・シロッタに、1の後に0が100個続く数の名前は何がいいと思うか尋ねました。ミルトンが答えとして口にした「グーゴル (googol)」は、後にカスナーがジェイムズ・ニューマンとの共著で出版した『*Mathematics and the Imagination*（数学と想像力)』で紹介されて一般に広まります。ミルトン少年は、「1の後に、疲れ果てるまで0を書き続けた数」の名前として「グーゴルプレックス」も提案しました。カスナーは、「人によって疲れ果てるまでの時間は違い、カルネラ（プロボクシングのヘビー級チャンピオン）の方が持久力があるというだけでアインシュタイン博士より優れた数学者だということにはならない」という理由で、グーゴルプレックスをより正確に定義しました。といっても、実際にグーゴルプレックスを正確に書こうとしたら、どんなに控えめに言っても間違いなく疲れ果てます。カスナーの定義したグーゴルプレックスは、10のグーゴル乗、つまり1の後に0がグーゴル個並ぶ数なのです。1グーゴルを表記するのは簡単で、次のようになります。

10,000,000,000,000,000,000,000,000,000,000,
000,000,000,000,000,000,000,000,000,000,
000,000,000,000,000,000,000,000,000

それに対して、1グーゴルプレックスはとてつもなく大きな数です。地球上にはそれを書けるだけの紙がありません。それどころか、0を陽子や電子と同

じくらい小さく書くとしても、観測可能な宇宙にはグーゴルプレックスの桁数を書ききれるほどの物質は存在しません。グーゴルプレックスは古代に命名されたあらゆる数よりも——不可説不可説転よりも——大きいのです。ところが1933年に、南アフリカの数学者スタンリー・スキューズによる素数の研究の中で、これよりも大きな数が生まれます。スキューズ数として知られるこの数は、素数がどのように分布するかという問題において、ある条件を満たす変数の範囲の上限、すなわち可能な最大の値をあらわしています。高名なイギリスの数学者で、ラマヌジャン〔インドの天才数学者〕の指導者であり、広く読まれた『ある数学者の弁明』の著者でもあるG・H・ハーディは、当時スキューズ数について「これまでに数学において明確な目的を持って使われたなかで最大の数」と評しました。スキューズ数は $10^{10^{10^{34}}}$、より正確には $10^{10^{10^{885214219754327}}}$ _{0606106100452735038.55} です。この恐ろしく巨大な上限値は、第7章で取り上げたリーマン予想（今もその真偽をめぐり数学者たちが苦闘している問題）が真であるという前提で求められていました。スキューズは20年ほど後に、やはり素数に関して、リーマン予想が真であることを仮定せずに第2のスキューズ数を発表しました。こちらの数は一層大きく、$10^{10^{10^{964}}}$ プラスマイナス数兆です。

　物理学も数学に負けず劣らず、難しい問題の解として独自の巨大数を提示しました。早い時期に物理学戦線で巨大な数を操ったのは、フランスの数学者・理論物理学者・博識家アンリ・ポアンカレです。彼は多くの業績を残しましたが、その中で、物理的な系がある特定の状態に戻るのに要する時間について書いています。宇宙を例にとると、いわゆるポアンカレの回帰時間は、物質とエネルギーが、ある状態を出発点として気の遠くなるほどの回数だけ組み合わせを変えた後に、原子以下のレベルまで出発点とほぼ同じ状態に回帰するのにかかる時間です。スティーヴン・ホーキングに師事したことのあるカナダの理論物理学者ドン・ペイジが観測可能な宇宙のポアンカレ回帰時間を計算した結果は、$10^{10^{10^{2.08}}}$ 年でした。これは第1と第2のスキューズ数の間で、グーゴルプレックスよりも大きな数です。ペイジはまた、多重発生した宇宙の中で、ある特定のタイプの宇宙について最大のポアンカレ回帰時間も計算し、さらに大きな数——大きい方のスキューズ数よりも大きい数——である $10^{10^{10^{10^{1.1}}}}$ 年

をはじき出しました。彼はグーゴルプレックスについては、アンドロメダ銀河と同じ質量を持つブラックホールの微視的な量子状態の数にだいたい等しいと述べています。

不可説不可説転、グーゴルプレックス、2つのスキューズ数は、どれも私たちが頭できちんと把握できるという意味での巨大数です。ところがこれらの数も、アメリカの数学者ロナルド・グラハムの名を冠した数と比べると芥子粒くらいに小さく見えます。グラハムのこの数は、1977年に世の中に紹介されました。スキューズ数と同様にグラハム数も数学の重大な問題——ラムゼー理論と呼ばれるテーマの中の一部分——との関連で生まれました。グラハム数に行き着くには、高い山に登る時のように段階的にアプローチする必要があります。まず準備段階として、巨大な数をあらわすためにアメリカの計算機科学者ドナルド・クヌースが考案した、クヌースの矢印表記法を理解しなければいけません。この方法は、掛け算が足し算の繰り返しで、累乗は掛け算の繰り返しとみなせることに基づいて構築されています。たとえば 3×4 は $3 + 3 + 3 + 3$ で、$3^4 = 3 \times 3 \times 3 \times 3$ です。クヌースの矢印表記法では、累乗を上向きの矢印1本であらわします。例としてグーゴル（10^{100}）をこの方法で書くと $10 \uparrow 100$ になり、3の立方（3^3）は $3 \uparrow 3$ となります。累乗の反復には一般的になじみのある表記法がありませんが、クヌースの表記法ならば矢印を2本書くことで表現できます。つまり $3 \uparrow\uparrow 3 = 3^{3^3}$ です。$\uparrow\uparrow$ であらわされる累乗の反復の操作は、足し算、掛け算、累乗に続く4番目の演算であることから、4を意味するギリシャ語の接頭辞 tetra- と、単語を名詞化するラテン語由来の接尾辞 –tion を組み合わせてテトレーション（tetration）と呼ばれます。テトレーションは見た目よりもはるかに強力です。$3 \uparrow\uparrow 3 = 3^{3^3} = 3^{27}$ で、計算するとその値は 7,625,597,484,987 になります。

テトレーションのもうひとつの表記方法として累乗タワーがありますが、累乗タワーは植字工にとっては最悪の悪夢です。右頁に示すのは a という数に k をテトレーションする場合の書き方で、等号の左は矢印表記、右が累乗タワーです。累乗タワーでは、指数をあらわす小さな a を $k - 1$ 個斜め上に積み重ねます。

第11章

巨大数

$$a \uparrow\uparrow k = \underbrace{a \uparrow (a \uparrow (\ldots \uparrow a))}_{a \, \text{が} \, k \, \text{個}} = \underbrace{a^{a^{a^{\cdot^{\cdot^{\cdot^{a}}}}}}}_{a \, \text{が} \, k \, \text{個}}$$

矢印演算子を使うと目を見張るほどの速さで巨大数を生み出すことができます。$3 \times 3 = 9$ で $3 \uparrow 3 = 27$ ですが、$3 \uparrow\uparrow 3$ はなんと7兆6000万以上（13桁の数）という大きさです。4のテトレーションはもっと驚異的です。$4 \uparrow\uparrow 4 = 4 \uparrow 4 \uparrow 4 \uparrow 4 = 4 \uparrow 4 \uparrow 256$ で、この数は $10 \uparrow 10 \uparrow 154$ に近く、1グーゴルプレックス（$10 \uparrow 10 \uparrow 100$）よりも大きいのです。数字の4と矢印を書くだけで、巨大なグーゴルプレックスを超えてしまいました。

　累乗からテトレーションへの桁外れに大きな飛躍を見ると、もう1本上向き矢印を足したらさらに劇的なことが起こるだろうと予想できます。そしてその予想は裏切られません。テトレーションの反復（ペンテーションと呼ばれます）では爆発的なまでに華々しい増大が起こります。一見すると何の変哲もなさそうな $3 \uparrow\uparrow\uparrow 3$ を見てみましょう。$3 \uparrow\uparrow\uparrow 3 = 3 \uparrow\uparrow 3 \uparrow\uparrow 3 = 3 \uparrow\uparrow 7,625,597,484,987 = 3 \uparrow 3 \uparrow 3 \uparrow 3 \cdots \uparrow 3$ という、累乗タワーで書くと3が7,625,597,484,987個積み上がる数になるのです。高さがわずか4段の累乗タワーでもグーゴルプレックスを超えるのですから、これがどれだけ大きな数になることか。想像を絶する巨大数で、累乗タワーで書こうとすると一生かかっても書ききれません。累乗タワー形式で印刷したら、地球から太陽まで届いてしまうでしょう。「トリトリ」の名で呼ばれる $3 \uparrow\uparrow\uparrow 3$ は、これまでに紹介してきたどの数よりもはるかに大きく、私たち人間の理解できる領域を超えています。ところがこのトリトリですら、グラハム数へ向かうプロセスではただの入口です。トリトリがどれほど大きいといっても、グラハム数という大いなる頂点と比べると塵に等しいくらいです。上向きの矢印をもう1本加えると、$3 \uparrow\uparrow\uparrow\uparrow 3 = 3 \uparrow\uparrow\uparrow 3 \uparrow\uparrow\uparrow 3 = 3 \uparrow\uparrow\uparrow$ トリトリになります。これが何を意味するか、ちょっと見てみましょう。3の累乗タワーを登っていくと、最初は3で、次は $3 \uparrow 3 \uparrow 3 = 7,625,597,484,987$、3番目は $3 \uparrow 3 \uparrow 3 \uparrow 3 \cdots \uparrow 3$（3が7,625,597,484,987個、つまりトリトリ）です。4番目の累乗タワーは $3 \uparrow 3 \uparrow 3 \uparrow 3 \cdots \uparrow 3$（3がトリトリ個）、以下同様に続きます。$3 \uparrow\uparrow\uparrow\uparrow 3$ は

トリトリ番目の累乗タワーです。上向き矢印が3本だった時と比べると、頭が
おかしくなりそうなほど巨大な差です。そしてこの3↑↑↑↑3でも、グラハム数
に到達するための最初の一歩にす過ぎないのです。3↑↑↑↑3は、グラハム数
G_{64} にたどりつく辿り着くために必要なGナンバーの1番目 G_1 を表あらわしま
です。G_1 ベースキャンプに着いたら、次の目的地は G_2 です。上向き矢印を1
本足すごとに想像を絶するほど数の増加が起こることを忘れないで下さい。こ
の点を頭に入れた上で、G_2 の定義を見てみましょう。G_2 は3↑↑↑↑ … ↑3（上向
き矢印が G_1 本）です。それが何を意味するかおぼろげにつかむだけで、めまい
がするほど巨大な数だと感じられます。上向き矢印1本でも日常的な基準から
かけ離れた増加が起きるというのに、G_2 は G_1 本の上向き矢印があるのですか
ら。そして、ご想像の通り G_3 には G_2 本の上向き矢印があり、G_4 には G_3 本、
という具合です。そうやって最後に辿り着くグラハム数は、G_{64} です。1980年
度のギネスブックに、「数学の証明で使われたことのある最大の数」として掲
載されました。

　グラハム数が生み出されるきっかけとなった問題は、解くのがおそろしく難
しいのですが、内容を説明するのは簡単です。グラハムは多次元立方体——n
次元の超立方体——について考察していました。その超立方体の任意の2つの
頂点を赤か青の直線で結ぶと仮定します。グラハムが問うたのは、「いかなる
塗り分け方をしても同一平面上にある4個の頂点のどの2個を結ぶ線も同じ色
になるものが存在するためには、n がいくら以上であればよいか」ということ
でした。グラハムは、n の下限が6で上限が G_{64} であることを証明しました。
解の幅の大きさが、問題の難しさを物語っています。グラハムは、条件を満た
す n の値が存在することは証明できましたが、上限に関しては、何かを証明す
るための途方もなく巨大な数の定義から行わなければならなかったのです。そ
の後、数学者たちのさらなる研究によって n の範囲は13から9↑↑↑4まで狭め
られています。

　グラハム数は、グーゴルやグーゴルプレックスと並んで巨大な数の例として
よく引き合いに出されます。しかしグラハム数についての誤解もよく見かけま
す。まず、グラハム数は現在では、これまでに定義された最大の数でもなけれ

ばそれに近い数でもありません。次に、新しい巨大数世界記録を定義して表記する方法を探索するにあたって、グラハム数を出発点にしてそこから単純に拡張していくことにはあまり意味がありません。

近年、娯楽としての数学に「巨大数研究 (googology)」という分野が登場しています。この研究の唯一の目的は、より大きな整数を定義し命名することを通じて、真に巨大な数のフロンティアを押し広げることです。もちろん、誰かが挙げた巨大数よりもっと大きな数を考えるだけなら、誰にでもできます。たとえば私が「グラハム数」と言ったら、あなたは「グラハム数＋1」、あるいは「グラハム数のグラハム数乗」や「G_{64} ↑↑↑↑ … ↑ G_{64}（上向き矢印がG_{64}本）」などと答えればいいのです（ちなみに最後の例はおよそG_{65}に等しい大きさです）。けれども、同じ種類の演算子の繰り返しを含めて、こうした形の拡張では劇的な変化はもたらされず、出てくる巨大数はやはりグラハム数的です。言い換えれば、グラハム数と類似したトリックの組み合わせを使って、おおむね同じ方法で作られる数になってしまいます。真面目な巨大数研究家のなかには、既存の巨大数やもとの巨大数の拡張にあまり関係のない関数がエレガントとは程遠い形でごたまぜになっている状態を「サラダ数」と呼んで嫌う人たちもいます。グラハム数が、上向き矢印という記述方法を使ってその限界まで数を巨大にしているのに対し、サラダ数は単にグラハム数にさほど意味のない操作を付け足すだけです。巨大数研究家たちが望んでいるのは、グラハム数を凡庸な方法でそこそこ大きくすることではなく、グラハム数がひどくちっぽけに見えるくらいの領域に行ける、まったく新しいシステムなのです。実は、限りなく拡張可能なそうしたシステムがひとつあり、並はずれて増加率が大きいことから急増加関数 (fast-growing hierarchy) と呼ばれています。そのうえ、これは主流派の数学者たちが十分に試し、検証してきた方法なので、近年では想像もできない巨大数を生み出す新しい方法のベンチマークとしてしばしば使われています。

急増加関数に関しては、最初に知っておくべき重要な点がふたつあります。第一に、急増加関数は関数列（各項が関数であるような数列）の和です。数学において、関数は入力を出力に変える関係ないしルールをあらわします。関数とはつねに同じプロセスを使ってひとつの値を別の値に変化させる小さな装置であ

る、と考えるとわかりやすいかもしれません。そこで行われるプロセスは、た とえば「入力値に3を加える」といったものです。その場合、入力値をx、関数 を$f(x)$と呼ぶことにすると、$f(x) = x + 3$と表現されます。

　急増加関数でもうひとつ重要な鍵は、関数列の項をあらわすために添えられ る指標として——つまり、あるプロセスを何度行う必要があるかをあらわす添 え字として——順序数を使うことです。順序数については、無限を扱った前章 でお話ししましたね。順序数は、リストにおけるあるものの位置や、数列の中 でのある要素の順番を教えてくれます。有限と無限のどちらの順序数もありえ ます。5番目や8番目や123番目といった有限順序数はみなさんにもおなじみ でしょう。けれども無限順序数については、数学の奥深くに分け入らない限り 耳にすることはありません。ものすごく巨大な（ただし有限の）数に到達しよう と試みる際に、有限順序数と無限順序数が大いに役立つことがわかっていま す。関数に有限順序数で指標を付けることで、まあまあ大きな数に辿り着く道 が開けます。しかし、関数を何回実行するかをあらわすために無限順序数を利 用すると、急増加関数は真に本領を発揮します。

　この急増加関数という関数列の和の第1項は、びっくりするくらい単純で す。単に、ある数に1を足すだけの関数なのです。出発点となるこの関数をf_0 と呼ぶことにしましょう。この関数に入れたい数がnならば、$f_0(n) = n + 1$ となります。1ずつ増えていくだけですから、これではなかなか大きな数に辿 り着けません。そこで、$f_1(n)$に進みます。新しい関数は、ひとつ前の関数を n回入力します。言い換えれば、$f_1(n) = f_0(f_0(\cdots f_0(n))) = n + 1 + 1 + 1 \cdots + 1$（$n$の後ろに「+ 1」が$n$個並ぶ）となります。$n$に1を$n$回足すのですから、合計 は$2n$です。これでもまだ、巨大数の領域にどれくらい迅速に到達できるかと いう点ではたいしたことはありません。ただ、最終的に急増加関数に恐るべき 威力を与えるプロセスの片鱗は見えています。それが、「再帰」です。

　美術、音楽、言語、計算機学、そして数学では再帰〔recursion、回帰とも訳さ れる〕がさまざまな姿で現れますが、いずれも、出力したものを自分自身に入 れ戻すという意味で使われます。時には、果てしない反復ループに至るだけの こともあります。たとえば、用語集に「再帰：　→再帰を見よ」と書いてある

というジョークがそうです。より手の込んだ再帰ループの例としては、マウリッツ・エッシャーの版画「*Print Gallery*（版画の画廊）」(1956) があります。この版画には街の中の画廊が描かれており、その画廊には街の中の画廊を描いた版画が飾られており、その版画には街の中の画廊が……と、入れ子式になっています。工学では、システムからの出力を新たな入力値として使うフィードバックが古典的な再帰の例として知られます。ロックミュージシャンなどの演奏者は、ステージ上のマイクがスピーカーの真ん前に置かれている場合、よく次のようなトラブルに見舞われます。マイクが拾った音が増幅されてスピーカーから流れ、大きな音量で再びマイクに拾われてまた増幅され、その繰り返しであっという間に耳を刺すあのキーンという音になってしまうのです。数学における再帰も似たような形で働きます。関数が、マイクとアンプとスピーカーのセットという電子的システムの代わりになり、出力された値を次の入力値にするのです。

　先ほど私たちは急増加関数の $f_1(n)$ の段階まで行きました。次の段階である $f_2(n)$ は、この関数自身に $f_1(n)$ を n 回入力します。これは $f_2(n) = f_1(f_1(\cdots f_1(n)))= n \times 2 \times 2 \times 2 \cdots \times 2$（「$\times 2$」が n 個並ぶ）と書くことができ、$n \times 2^n$ に等しくなります。$n \times 2^n$ は指数関数です。仮に n を 100 とすると、$f_2(100) = 100 \times 2^{100} = 126,765,060,022,822,940,149,670,320,537,600$ で、およそ1270億の1兆倍のそのまた1兆倍です。銀行の残高だとすればビル・ゲイツですら夢にも見られないくらいの金額ですが、グーグルなどの巨大数と比べればまだずっと小さな数でしかありません。また、訴訟での史上最高請求金額はこれを上回る2兆の1兆倍のそのまた1兆倍ドルです。2014年4月11日にマンハッタンに住むアントン・ピュリシマという男性が、ニューヨークの市バスで「狂犬病の犬に噛まれた」として市を訴えた際に賠償金として要求しました。中指にありえないくらい大げさに包帯を巻いた写真を添えて提出された22ページのまとまりのない手書き訴状で、彼はニューヨーク市交通局、ラガーディア空港、行きつけの喫茶店「オー・ボン・パン」（つねにコーヒーの代金を不当に高く請求されているという理由で）、ホーボーケン大学医療センター、その他数百の相手に対して、地球上に存在するすべての金銭を合わせたよりも多額の賠償を求めた

のです。彼の訴えは2014年6月に「法律的にも事実の点でも議論できるだけの根拠を欠く」として却下されました。ピュリシマの数学の知識に急増加関数が含まれていなくて幸いでした。さもないと、その後もっと高額を請求する訴訟を続けたことでしょう（彼はこれ以前にも大手銀行数社、ラン・ラン国際音楽財団、中華人民共和国を訴えたことがあります）。

$f_3(n)$ は $f_2(n)$ を n 回繰り返す関数で、計算結果は2の n 乗の n 乗の n 乗…というふうに累乗タワーを n 段積み重ねた数より少しだけ大きくなります。ここまでで、上向き矢印2本——グラハム数の説明で述べたテトレーション——のレベルに到達しました。同様に $f_4(n)$ は上向き矢印3本、$f_5(n)$ は上向き矢印4本、という具合に、順序数が1増えるごとに上向き矢印が1本増えて、やがて上向き矢印が $n-1$ 本まで行きつきます。ここで、日常的な巨大数の——訴訟好きなアントン・ピュリシマの——レベルに入りました。しかし、上向き矢印を一度に1本ずつ足していく方法では、把握可能な時間のうちには決してグラハム数にたどりつけませんし、それよりはるかに大きい数は言わずもがなです。目指す巨大数に行くには、何か予想を超えたことをする必要があります。真に巨大な有限数に到達するために、無限数を利用しなければならないのです。

前章で見たように、最小の無限はすべての自然数の集合であるアレフ・ヌルです。アレフ・ヌルの大きさ——いくつの要素を含んでいるか——は変わりませんが、要素の並べ方によって長さは変わります。アレフ・ヌルの最小の長さはオメガ（ω）と呼ばれる無限順序数で、その次に短いのが $\omega+1$、以下 $\omega+2$、$\omega+3$ と果てしなく続きます。これらの無限順序数は、決まった順序に並べることができるので「可算」であり、これまでに考えられた最大の有限数に到達するための跳躍台として使われます。まず最初に、最小の無限順序数を添え字とする関数 $f_\omega(n)$ が何を意味するかの定義が必要です。以前に述べた再帰プロセスのように、単純に ω から1を引いた $f_{\omega-1}(n)$ を使って、$f_\omega(n)$ を定義することはできません。なぜなら、$\omega-1$ は存在しないからです。代わりに、$f_\omega(n)$ を $f_n(n)$ と定義します。ここではっきりさせておかねばならないのは、$\omega=n$ と言っているわけではないことです。私たちがやっているのは、ω よりも小さい有限な順序数を用いて $f_\omega(n)$ をあらわすことです。これによ

り、この関数を計算に使える形に書き換えることができます。それならば f_ω (n) のかわりに $f_n(n)$ と書いても同じ結果が得られるのではと思うかもしれません が、それをすると次の重要なステップ——急増加関数の桁外れなパワーが 明らかになるステップ——の妨げになってしまうのです。$f_\omega(n)$ から $f_{\omega+1}(n)$ に進むと、劇的なことが起こります。添え字の形で関数の指標となっている順 序数が1増えると、自身にひとつ前の関数を n 回入力するということを思い出 して下さい。もしも有限順序数を使うと、結果は決まった数の上向き矢印にな ります。それに対して ω を使うと $n-1$ 本の上向き矢印が生み出され、次に $\omega+1$ を使うとその $n-1$ 本の上向き矢印を n 回入力することになりますか ら、再帰の強さが信じられないほど飛躍します。

　これを理解するには、$f_{\omega+1}(2)$ を考えてみて下さい。この関数は、私たちの 再帰ルールに従えば、$f_\omega(f_\omega(2))$ と等しいです。$f_\omega(2)$ は $f_n(2)$ と同じであると 定義しましたから、$f_{\omega+1}(2)$ を $f_\omega(f_2(2))$ と書き換える（一番内側の ω を2に置き換 える）ことができます。（内側の値が何であるかを知らない限り、外側の f_ω の値は求め られません。）$f_2(2) = 8$ ですから、$f_{\omega+1}(2)$ は $f_\omega(8)$ に等しくなります。最後に 一番外側の ω を単純化すると $f_8(8)$ が得られます。これは上向き矢印を7本持 つ数です。これで $f_{\omega+1}$ が上向き矢印の本数をどう変えるかが示されましたが、 まだこの関数の恐るべき能力のイメージがはっきり浮かぶまでには至りませ ん。単に、n が大きくなるにつれてフィードバックループに関わる数が大きく なるとわかっただけです。$n = 64$ の場合、$f_{\omega+1}(64)$ はだいたいグラハム数と 同程度の大きさです。急増加関数をもう1段階登って $f_{\omega+2}(n)$ に行くと、新た な領域が開けます。なぜなら、この関数はグラハム数のレベルに至るために使 われたすべての数学的操作を自身に再入力するからです。その結果生み出され る数は、およそ $G_{G \cdots 64}$（Gナンバーの添え字に、さらに64階層のGナンバーが添え 字として付く）で、どのくらい大きいかをぼんやりと把握しようとすることさえ 絶望的なほどの大きさです。

　可算無限順序数ははるか彼方まで続いており、次々に現れるそれらのひとつ ひとつが再帰関数に踏み台を提供して、関数は爆発的に大きくなるので、ひと つ前の段階の関数がまったくちっぽけに見えてしまいます。オメガ数だけでも

長々と連なり、オメガのべき乗をオメガ段重ねたべき乗タワーまで行き着いてようやく終わります。エプシロン・ゼロと呼ばれるこの強力な順序数はあまりに大きすぎて、ペアノ算術という従来からの体系であらわすことは不可能です。オメガという永遠の道に沿って1歩進むごとに、再帰によって生成する有限数は理解をはるかに超える割合で増大していきます。けれども、この上なく高いオメガのべき乗タワーを越えた先には、さらに壮大な無限順序数が次々に待ち構えています。最初がエプシロン、次がゼータ、そして無限の話の時に見たように、その後も終わりなく続きます。どんどん巨大になっていくこれらの順序数は、より強力なフィードバックを生み出します。やがて私たちは、ガンマ・ゼロ（Γ_0）、別名フェファーマン＝シュッテの順序数（アメリカの哲学者・論理学者のソロモン・フェファーマンとドイツの数学者カール・シュッテが最初に定義した）と呼ばれる超巨大順序数にたどりつきます。ガンマ・ゼロは可算で、その先にもまだ可算順序数が存在しますが、このガンマ・ゼロの定義には非可算順序数（アレフ・ヌルの要素の並べ替えでは作れず、アレフ・ワンあるいはそれよりも多くの要素が必要な順序数）を使わなければなりません。このプロセスは、急増加関数が階層を上っていく様子に似ています。急増加関数において巨大な有限数を説明するために無限順序数を使わなければならなかったのと同様、真に巨大な可算無限順序数を説明するためには非可算順序数を用いる必要があるのです。フェファーマン＝シュッテの順序数やそれよりも大きな順序数が再帰を通じて生み出す有限数の大きさは、もはや形容する言葉がありません。また、どんな数学者も、この再帰技法がもたらす数の巨大さを把握できるほどの頭脳や才能を持っていません。しかしだからといって、巨大数を生成させるさらに強力な方法の探求を数学者たちが諦めることはありません。そのようにして見出された中で有名なものに、TREE関数があります。

　名前から推察できるように、樹木や家系図と同様に、数学における「木」（tree）も、外見上、共通の幹から枝分かれして広がっていきます。この「木」は、数学の中でもグラフ理論と呼ばれる分野の特別なタイプのひとつです。普通、グラフというと私たちはグラフ用紙に描かれた、ある値と別の値を比較する図を思い浮かべます。けれどもここで「木」との関連で述べているタイプのグラ

フはそれとは違い、「節点（ノード）」と呼ばれる点を「枝（エッジ）」と呼ばれる線分で連結してデータを表示します。いずれかの節点から出発して枝を伝って別の節点に行き、それまでに通過した枝や節点を通らずに出発点に戻ることができる場合には、そのルートを閉路と呼び、グラフは閉路グラフといいます。いずれかの節点を出発して他の節点へ、同じ枝や節点を2回通ることなく行ける場合、辿ったルートを経路といい、グラフは連結であるといいます。木は、連結で閉路がないグラフと定義されています。家系図や生物の系統樹もこのタイプの構造を持っています。各節点にそれぞれを識別するための番号や色が付いている場合、その木は「ラベル付きである」といいます。さらに、あるひとつの節点を「根」として指定すると、「根付き木」になります。根付き木の有用な特性は、どの節点からでも必ず根に向けて経路を遡っていけることです。

　本物の樹木と同じタイプの枝分かれ構造を持つ数学的な木の中には、同種の別の木の中にすっぽりはめ込めるものもあります。これを「位相同型（同相）的に埋め込み可能」といいます。なにやら小難しい表現ですが、簡単に言えば、形や見た目が似ていて、片方がもう片方を小さくしたバージョンであるということです。もちろん、数学者はもっと厳密な定義をしています。大きい方の木から出発し、次の2種類の枝刈り方法を使ってどれだけの枝を刈り込めるかを検討します。まず、ある節点（根は除く）に出入りする枝が2本だけのものがあれば、その節点を取り除いて2本の枝を1本にまとめることができます。次に、もし2個の節点が1本の枝のみで結ばれていたら、枝を収縮させて2個の節点を1個にまとめることができます。こうして作られた新しい節点の色は、根に近かった方の節点の色とします。大きい方の木にこの2種類の手順を（順序は問わず）適用することで小さい方の木を作り出すことができたら、小さい方の木は大きい方の木に「位相同型的に埋め込み可能」です。アメリカの数学者・統計学者のジョゼフ・クラスカルは、このタイプの木について重要な定理を証明しました。木の列についてのルールとして、1番目の木には節点が1個だけ、2番目の木には節点が最大で2個、3番目の木には節点が3個まで、というように、n番目の木はn個以下の節点を持ち、かつ、新しく作られる木には、それ以前のどの木も位相同型的埋め込みができない、と仮定します。クラスカルは、

このような木の列は必ずどこかで終点を迎えることを発見しました。問題は、「その列がどのくらい長くなりうるか」です。

これに応えてアメリカの数学者・論理学者で1967年のギネスブックに世界最年少の教授として記載されたことのあるハーヴィー・フリードマン（18歳でスタンフォードの助教授に就任）が、そうした列の最大の長さを与える関数としてtree関数、すなわち TREE(n) を考案しました。そしてフリードマンは、異なる n の値を与えた時にこの関数が何を生み出すかを調べました。ここでの n は、ラベル付けに使える色の数です。1番目の木はある色の節点1個で構成されます。仮に黒い色だとしましょう。すると、黒い節点は2度と使えません。なぜなら、それ以降の木で黒の節点をどのように使っても、1番目の木が位相同型的に埋め込まれてしまうからです。$n = 1$ の場合、それが唯一の色ですから数列は即座に停止し、TREE(1) = 1 です。$n = 2$ にすると、使える色がもう1色増えます。2色目の色を白だとします。1番目の木は、TREE(1) の時と同じく、黒い節点1個にしてみましょう。2番目の木は最大2個の節点を含むことができますが、2個の節点を黒と白に塗り分けると、1番目の木が位相同形的に埋め込まれてしまうので、それはできません。そこで、白い節点2個を結んだものを2番目の木にします（この時に2番目の木を白い節点1個だけにすると、3番目の木はどうやっても1番目か2番目の木が位相同形的に埋め込まれるので作れなくなり、2番目の木で数列が停止してしまいます）。さて、3番目の木として作れるのは、白い節点1個だけです。それ以上はどんな木も作ることができない——つまり4番目の木は決して作れない——ので、TREE(2) = 3 となります。ところが、TREE(3) に移ると大きな衝撃に出くわすことにフリードマンは気付きました。複雑さが爆発的に増加し、節点の数はグラハム数をはるかに超えて、急増加関数の階層における小ヴェブレン順序数——さまざまな無限を取り上げた際に触れた、おそろしく大きな数——に届くのです。

大きな数を探索し考案する巨大数研究の人気の高まりを受けて、これまでに巨大数コンテストが何度か開催されています。最も早い時期に行われたコンテストのひとつに、アメリカ数学界の風雲児デイヴィッド・メイズが2001年に開催した「巨大数ベイクオフ」があります。C言語というプログラミング言語を

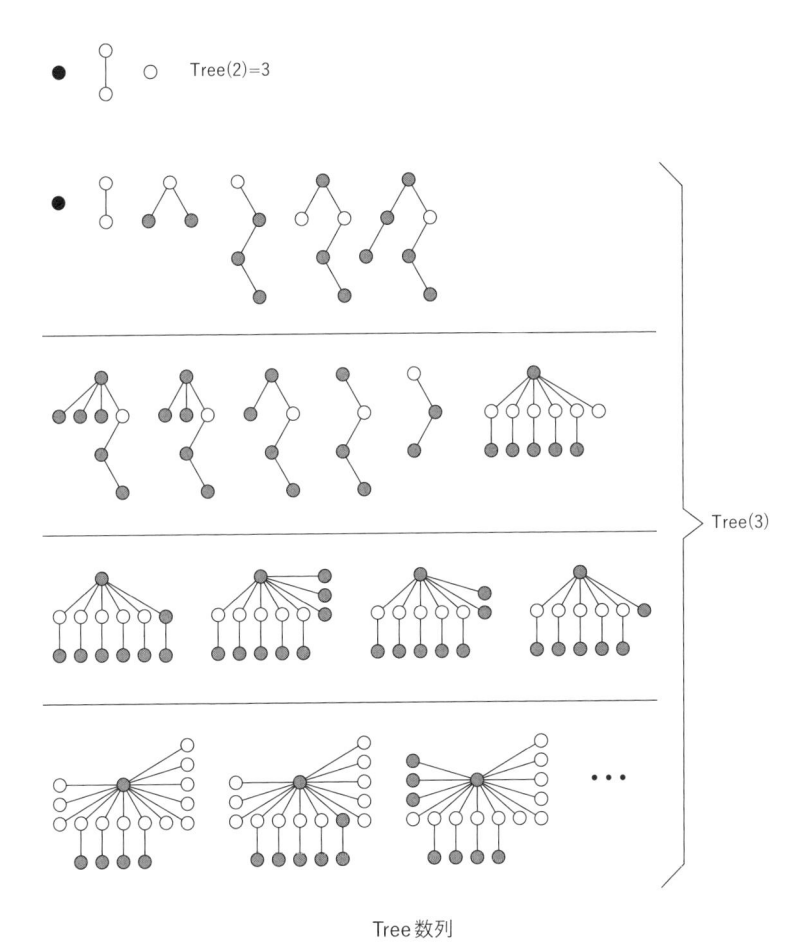

- Tree(1)=1

- Tree(2)=3

Tree(3)

Tree数列

使った512文字以内（スペースは除く）のプログラムで、可能な限り最大の数を生成することが課題でした。提出されたプログラムはどれも既存のコンピューターを使うと宇宙の寿命が尽きても計算が終わらないものだったため、審査は人間による分析で行われ、急増加関数に照らした時に各プログラムがどの位置に来るかに基づいて順位が付けられました。優勝したのは、ニュージーランド

のラルフ・ローダーが作った loader.c と呼ばれるプログラムでした。最終的な出力値を得るには、実現不可能なほど大きなメモリととてつもなく長い時間が必要です。しかし、もしもその計算結果が出たら、その数字はローダー数と呼ばれるでしょう。この数は TREE(3) よりも、また巨大数の宇宙に住まうそれ以外の英雄たち、たとえば SCG(13) よりも大きいことがわかっています。ちなみに SCG(13) はサブキュービックグラフ数という数列 (TREE 数列と似た数列で、各頂点が最大3本の枝を持つグラフで構成されています) の13番目の項です。

　2007年には MIT (マサチューセッツ工科大学) のスタタ・センターで「巨大数対決」というイベントが開催され、ともに哲学者でかつての大学院仲間である MIT のアグスティン・ラヨ (異名「メキシコの乗算者」) とプリンストン大学のアダム・エルガ (異名「ドクター・イーヴィル」) が交互に数を出し合って、最も巨大な整数を示せるのはどちらかを競いました。満員の観客を前に繰り広げられた数字の乱打戦は、数学と論理学と哲学の駆け引きが渦巻くように駆使されてそこにコメディ要素とボクシング世界タイトルマッチのメロドラマ性も加わった、稀有なイベントでした。エルガはまず、ラヨの調子が悪いことを期待したのでしょうか、気楽に1という数字で戦いの口火を切りました。しかしラヨはただちに反撃し、黒板全体を1で埋め尽くしました。エルガはすかさず最後の1行を1を2つだけ残して消し、この11を乗数に変えてみせました。この調子で応酬が続き、やがて普通に知られている数学の境界から飛び出して、どちらの対戦者も独自の表記法でどんどん巨大な数を作りはじめます。ある時点で観客のひとりがエルガに「この数は計算可能ですか？」と尋ねたところ、エルガは一呼吸おいて「ノー」と答

MIT で開催された「巨大数対決」のポスター

えたと伝えられています。ついにラヨは、「一階集合論〔一階述語論理。論理を記述する体系のうち、命題、個体の関係、述語、および個体の量物体などの性質、関係を量的に扱える論理でにあらわし、数学の土台をなす論理〕の言葉においてグーゴル個以内の記号で表現されるいかなる有限の正の整数よりも大きい最小の正の整数」と彼が表現した数で、ノックアウトパンチを放ちます。このラヨ数がどれほど大きいか私たちにはわかりませんし、おそらくこの先も決して知りえないでしょう。どんなコンピューターも、たとえグーゴル個の記号を格納できる宇宙にアクセスできる環境を与えられたとしても、計算不可能です。時間と空間が足りないからではありません。第5章のチューリング・マシンのところでお話しした停止問題が計算不能なのと同じ意味で、ラヨ数は計算不能数なのです。

　現時点で私たちが最も巨大な整数について理にかなった話をする時に、"まだ知られていない巨大数"との境目に位置すると目されているのがラヨ数です。それより大きな数として挙げられているものはいくつかあり、なかでも2014年に発表されたビッグフットが有名です。しかし、ビッグフットをおぼろげに理解するだけのためにも、ウードルヴァースと呼ばれる独自の領域に踏み込み、一階ウードル論理という言語を身につけなければなりません。高等数学の学位とひねくれたユーモア感覚の持ち主でなければおいそれと取り組めない領域です。いずれにしても、今のところ、名前の付いている最大の整数はすべてラヨ数に使われているのと同じ種類の考え方を土台として構築されています。

　巨大数研究者たちが果てしない"数の宇宙"にさらに深く分け入るためには、既存の方法をもとにするか、新しい方法を開発するかしなければなりません。より遠くの宇宙まで宇宙船を送ろうとすると推進技術の面でいろいろな革新的飛躍が必要なのと同じです。おそらく、巨大数探索者は当面はラヨ数と同じ手法に頼らざるを得ないと考えられますが、それを一階集合論の強化バージョンに当てはめて使うことでしょう。たとえば、一階集合論がさらに圧倒的に巨大な無限にアクセスできるよう公理を追加した上で、それを利用して新記録の有限数を生成させるかもしれません。

　正直なところ、プロの数学者の大部分は"新たな巨大数の定義を目的とした巨大数研究"というテーマにそれほど関心がありません。円周率πの新しい桁

を開拓するのと大差ない程度の関心の大きさです。巨大数研究はある種の余興、知的な力自慢、数論におけるNASCARレースのようなものと言えるでしょう。ただし、決してメリットがないわけではありません。巨大数研究は現時点の数学宇宙の限界を明らかにします。ちょうど、世界最大の望遠鏡による観測が宇宙研究のフロンティアをどんどん広げていくのと同様に。

　ところで、ラヨ数のような巨大数は私たちを無限に近づけてくれる、と考えたくなる人もいるかもしれません。しかしそれは違います。有限数の生成に無限数を使うことはありますが、どんなに大きな数まで行ったところで、有限数から無限へつながることはありません。巨大数の追求と無限の間の距離は、幼い子供が数える「1、2、3」と無限の間の距離とまったく変わらない——これが真実です。

トポロジー
曲げるも伸ばすもお気に召すまま

子供の (…) 人生初の幾何学的発見は、トポロジー的だ。(…) 幼児に四角か三角を見せ、同じものを描いてと言うと、閉じた丸を描く。

——ジャン・ピアジェ

トポロジーは、まさにローカル (部分) からグローバル (全体) への移行を可能にする数学的思考法である。

——ルネ・トム

昔 からよく言われるジョークに、「トポロジスト (位相幾何学者) って何？」というものがあります。答えは、「ドーナツとコーヒーカップの違いがわからない人」。ただし、正確に言うと「その違いを気にしない人」です。トポロジー (位相幾何学) ではドーナツとコーヒーカップの形は同じとみなされます。なぜなら、(粘土のようなもので作られていると仮定すると) 片方を徐々に変形させてもう片方にできるからです。カップの持ち手の部分がドーナツの穴になり、それ以外の部分は次第に変形して穴の周りの輪になります。ここでは「穴 (hole)」が特別な意味を持っています。トポロジーにおける穴には、2つの端〔入り口と出口〕があって中を通り抜けられなければなりません。わかりやすい例がドーナツ型——正式な言い方をするなら「トーラス (輪環面)」——です。日常の言葉で穴と呼ばれていても、貫通した穴でなければ、トポロジーでは穴とみなされません。たとえば地面に掘った穴は位相幾何学者にとっては穴ではありません。1か所の開口部を徐々に変形させて完全に埋まった地面にできるからです。簡単に言うと、トポロジーとは、何かに穴をあけたり切断したりせず

に変形させても変わらない性質を研究する学問です。幾何学の中で現代になってから発展した分野で、奇妙な結果をたくさん生み、ありとあらゆる予期せぬ場所に不意に現れます。

　2016年のノーベル物理学賞は、イギリスのダンカン・ハルデーン、マイケル・コステリッツ、デイヴィッド・サウレスという3人の科学者が、いわゆる"物質のエキゾチックな（奇妙な）状態"に関する研究によって受賞しました。物質は、超低温など特定の条件下で、突然予期せぬ相転移を起こすことがあります。1980年2月のある朝、極端に薄いケイ素片を強力な磁場の中で過冷却状態にする実験を行っていたドイツの物理学者クラウス・フォン・クリッツィングが、奇妙な現象に気付きました。ケイ素は、電気を特定の大きさのパケット（塊）——最小のパケット、正確にその2倍のパケット、3倍のパケット、という具合——でのみ通しはじめ、最小のパケットの整数倍以外の大きさの電気はまったく通さなかったのです。通常の電流のように連続的に増えたり減ったりしなかったのです。この現象は「量子ホール効果」と呼ばれ、フォン・クリッツィングはこれに関する新たな知見をもたらしたとして1985年にノーベル物理学賞を受賞します。明らかにケイ素は何らかの新しい物理的状態へと移行していました。その際には、相転移で必ず起こる原子の並び替えがあったに違いありません。しかし理論を考える学者たちは、原子が上下に移動する余地がないほど極端に薄いケイ素の層の中でどのようにして並び替えが起こるのかの説明に悩みました。そこへコステリッツとサウレスが画期的な発想をもたらしたのです。ケイ素を冷却するとケイ素原子がペアを形成して旋回し、相転移の臨界温度でそれが自発的に2個の微小な渦に分かれるのではないか、というのが彼らの説でした。サウレスはこの渦がもたらす相転移の背後にある数学の解明に取り組み、トポロジーを利用すると最もうまく説明できることを発見しました。物質の中で変化の影響を受けた電子が、「トポロジカル量子流体」と呼ばれる状態——ある大きさを単位としてその整数倍の大きさでのみ集団的に流れる状態——になっていたのです。一方、彼らとは別に研究を進めていたハルデーンは、強い磁場がなくても半導体の極薄層の内部でそうした流体が自発的に出現することを発見しました。

第12章
トポロジー

　2016年にストックホルムでノーベル物理学賞受賞者の名前が発表された際、ノーベル委員会のある委員がトポロジーを説明すべく進み出て、紙袋からシナモンロール、ベーグル、スウェーデン風プレッツェルを各1個取り出しました。そして次のように話しました。この3つはいろいろな点で違っています。たとえば香りや味（甘いか塩味か）や見た目の違いです。しかし位相幾何学者にとって意味のある違いはただひとつ、穴の数だけです。シナモンロールは穴が0個、ベーグルは1個、プレッツェルは2個。今回の受賞者3人は、エキゾチックな物理的状態が突然出現することと、トポロジカルな変化とを結びつける方法を——つまりは抽象的構造の根底にある"穴の特徴"を——見出しました。それによって彼らはこのテーマの非常に重要な新しい応用を発見し、それは数学の領域で極めて驚異的な結果をいくつか生み出すことになったのです。

　同じ写真のプリントを2枚用意したと考えて下さい。1枚を机の上に平らに置き、次にもう1枚を好きなだけくしゃくしゃにして（ただし破ってはいけません）、最初の写真の上にどこにもはみださないように載せます。くしゃくしゃの写真とその下の平らな写真は、真上から見たとき、最低でもどこか1点が重なっています。重なっているというのは、真上からレントゲンのように透視すると、2枚の写真のどこか同じ点が同じ位置にあるという意味です。（厳密に言えば、私たちがここで取り上げている数学が連続量を扱っているのに対して現実世界の物質は原子その他で構成されているので粒子的であり、この写真のたとえは近似にすぎないのですが、非常によい近似なので有効です。）同じことは3次元でも真ですから、コップの中の水をどれだけ長時間かき回しても、少なくとも水分子のどれか1個はかき回す前と同じ位置にあります。20世紀初めにオランダの数学者ライツェン・ブラウアーが初めてこの証明を発表したため、ブラウアーの不動点定理として知られています。

　ブラウアーは1912年に、「髪の毛定理」と呼ばれる興味深い定理も証明しています（なお、この問題を最初に提示したのはフランスの数学の鬼才、アンリ・ポアンカレでした）。髪の毛定理は、全面に毛が生えた球に櫛をあてて毛を寝かせようとどんなに努力しても、すべての場所のすべての毛を平らに寝かせることは不可能で、必ずどこかで毛が立ちあがってしまう、という内容です。もっとも、

ブラウアー（とポアンカレ）が実際に論じたのは毛の生えた球ではなく、球面に接する連続的なベクトル場には必ず最低1個はベクトルがゼロである点（ベクトルが球面に対し垂直である点）が存在する、という味気ない話でした。それでも結局のところ中身は同じです。もっと実際的な話をするなら、地球表面で吹く風の向きと速度はベクトル場ですから、この定理は地球のどこかに風が吹いていない場所が間違いなく存在すると保証します。不動点定理と密接に関係があるボルスク＝ウラムの定理も気象条件について述べています。それは「任意のどの瞬間をとっても、地球の中心に対し互いに反対である位置に、気温と気圧が同じ2地点が存在する」という内容です。そんなことはしょっちゅう起こるとしても偶然に過ぎないだろう、とあなたは考えるかもしれませんが、ボルスク＝ウラムの定理は、必ずそうなると数学的に保証しているのです。

　ボルスク＝ウラムの定理からはもうひとつ別の "まるで嘘のような本当の事実" が導かれ、ハムサンドイッチの定理と呼ばれています。ハムとチーズをはさんだサンドイッチを作ってナイフで2つに切る時、パンとチーズとハムの量がすべて半分になるような切り方が必ず存在するというのがこの定理です。実際のところ、パンとチーズとハムが互いに接している必要すらありません。パンはパンかごの中、チーズは冷蔵庫、ハムはキッチンカウンターの上にあってもかまわないのです。もっと言えば、銀河の別々の場所にあってもOKです。その3つのどれをも2等分するまっすぐな切り方（言い換えれば、2等分する平面）が必ずあります。

　不動点定理、髪の毛定理、ボルスク＝ウラムの定理、ハムサンドイッチの定理——これらの変わった定理はどれも、トポロジーという肥沃な土壌から生まれました。トポロジーの語源である古代ギリシャ語の「トポス (*tópos*)」は、「場所」や「位置」を意味します。トポロジーについて日常生活で耳にする機会はほとんどないでしょう。対して、幾何学なら誰にとってもおなじみです。幾何学は古代に発祥した学問で、三角形や楕円形やピラミッド形や球といった図形の形、大きさ、相対的な位置関係を扱います。トポロジーは幾何学や集合論と関連があり、前述のように、図形を曲げたり引き伸ばしたりして形を変えても同じまま残る性質——トポロジー不変量（位相不変量）——を研究します。不変

第12章

トポロジー

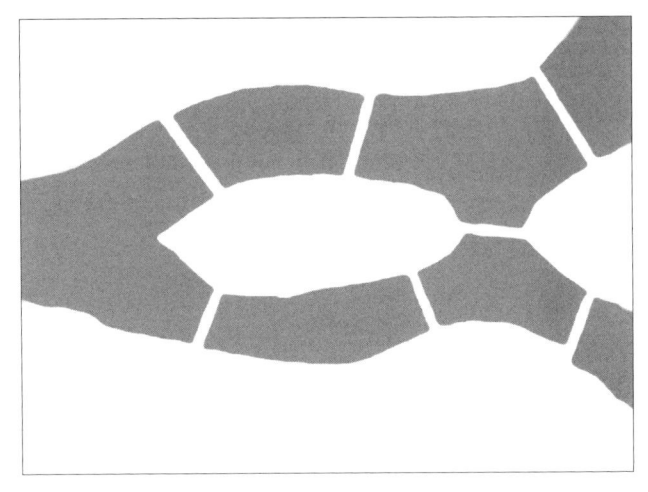

ケーニヒスベルクのプレーゲル川にかかる7つの橋。

量の例として、図形の持つ次元と連結度 (つまり、あるものが別々の何個の部分で構成されているか) などがあります。

　トポロジーの起源は、17世紀にドイツの博学者ゴットフリート・ライプニッツが、幾何学を「位置の幾何 (*geometria situs*)」と「位置の解析 (*analysis situs*)」に分割できると説いたこととされます。位置の幾何は私たちが学校で習う幾何学のかなりの部分をカバーしており、角度、長さ、形といったおなじみの概念を扱います。位置の解析は、それらの概念とは別の抽象的な構造に関係しています。その後、スイスの数学者レオンハルト・オイラーが、トポロジーに関する最も早い時期の論文のひとつを発表します。オイラーはその中で、歴史あるプロイセンの港町ケーニヒスベルク (現ロシアのカリーニングラード) の川にかかる7つの橋を1回ずつしか通らずにすべて渡ることは不可能だと証明しました。この証明は、橋の長さや各橋の間の距離などには関係なく、橋が川岸や中州とどのように連結しているかだけに依拠していました。彼はこのタイプの問題を解く一般則を発見し、それによってトポロジーの中にグラフ理論という新しい研究領域を誕生させました。

　オイラーはまた、今や有名な $v - e + f = 2$ という多面体公式 (多角形の平面

に囲まれた3次元立体に関する公式) を発見しました。vは頂点の数、eは辺の数、fは面の数です。この公式も、図形の寸法とは関係のない幾何学的な形の性質をあらわしているので、トポロジカルです。

この分野のもうひとりのパイオニアが、半分ねじってつなげた帯を研究したアウグスト・メビウスです。今ではその帯は彼の名を冠して呼ばれています(ただし、メビウスより数年早い1861年に同じドイツの数学者ヨハン・リスティングが同じ形の帯について独自の発見を発表しています)。帯状の紙を180度ねじり、端同士を糊付けすると、単一の曲面のみを持つ (表も裏もない) 形ができます。このことは、帯の中央に鉛筆で線を引いていくと最後には出発点につながることで簡単に示せます。帯を半分ねじって端同士をつなげると、それまでは扱いやすかったただの帯や円筒状の輪が、トポロジー研究者の目の前でメビウスの帯という怪物に変貌します。メビウスの帯を切り開いたり、縁同士をくっつけたりすると、その都度トポロジー的に新しい図形ができます。この事実は、トポロジーのもうひとつの特徴につながっています。そう、トポロジーは、ある系の状態が別の状態に突然飛躍すること (2016年のノーベル物理学賞受賞者たちが発見したような事象) の説明に適しているのです。

通常の幾何学では、すべての図形を、形が剛直で (伸び縮みせず)、互いに取り替えられないものとして扱います。正方形はつねに正方形、三角形はつねに三角形であり、決して正方形を三角形に変化させたり三角形を正方形にしたりはできません。直線は完璧にまっすぐなままで、曲線はずっと曲線のままでいなければなりません。ところがトポロジーにおける図形は、どこかを切断したり別々のパーツをくっつけたりしない限り、本質的に同じものとして留まりつつ構造を失って柔軟性を持つことを許されます。たとえば、正方形を引き伸ばし変形させて三角形にすることができますが、トポロジカルな意味では図形は変化していません。この時、正方形と三角形は位相同型 (同相) であるといいます。同様に、正方形も三角形も円板 (円で囲まれた領域) と同じです。3次元では、立方体と球体が位相同型です。言い換えれば、立方体の表面はトポロジカルな意味で球面とまったく同じです。しかし、トーラス (つまりドーナツ型) は根本的に球面と異なり、どれだけ引き伸ばしても同じ形にはなりません。

第12章

トポロジー

メビウスの帯。3次元に埋め込むと、単一の"面"しか持ちません（表と裏の区別がありません）。

　ある図形が持つ穴の数を「種数」といいます。ですから、球面や立方体は種数0、普通のドーナツ型は種数1、2つ穴トーラスは種数2、ということになります。3次元トポロジーの場合は、空間の構造といったもっと複雑な要素を考慮することもできます。「結び目」を作れるのはそのためです。ひとつ注意しなければいけないのは、私たちがひもなどで実際に作る結び目の大部分は、結び目理論においては「結び目」とは言わないことです。数学的な結び目（knot）は、靴ひもやロープの結び目とは別物です。というのも、数学的な結び目は両端がつながっていて、ほどくことができません。

　数学的な結び目を考えるひとつの方法として、3次元ユークリッド空間内にある円またはその他の閉じたループを使う手があります。あなたが1本のひもから真の（数学的）結び目を作る唯一の方法は、両端を（テープで貼り合わせるなどして）つなぐことです。この方法でできる最も単純な結び目はただの輪で、「自明な結び目（unknot）」と呼ばれます。その先はだんだん複雑になっていきます。

　自明でない結び目のうち一番シンプルなのは「三葉結び目」で、1本のひもを一重結びにしてからひもの両端をつないだ時にできる形です。「8の字結び目」はそれより複雑で、基本的な結び目がいくつか組み合わさってできています。よく知られた例として本結びと縦結びがあり、どちらも三葉結び目2つか

自明な結び目

三葉結び目

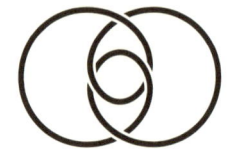

8の字結び目（縦結び）

8の字結び目（本結び）

らなっています。

　数学の視点から結び目に関心を持った最初の人物はドイツのカール・ガウスで、1830年代のことでした。彼は「絡み数」——3次元にある2つの閉じた曲線において、片方の曲線がもう片方の周りを何度回っているかの回数——を計算する方法を考案しました。絡み目（link）は結び目がいくつか集まったもので、結び目と並んでトポロジーの中心的な位置を占めています。数学的な結び目と絡み目は自然界にも出現し、電磁気学、量子力学、生化学などで見られます。

　自明な結び目があるように、「自明な絡み目（unlink）」も存在します。自明な絡み目は、2つの別々の円がいかなるやり方でもつながっていません。結び目は1個の円からなる単純な絡み目ですが、円を足していくことでより複雑な絡み目を作れます。2個の円が1ヵ所で絡まったホップ絡み目は、美術やシンボリズムの世界で昔から文様として使われてきた図形です。ドイツの位相幾何学者ハインツ・ホップの名前が付いていますが、ガウスもホップより1世紀早くこの図形を研究していました。日本の仏教の一宗派で16世紀に興隆した真言宗豊山派が宗紋としている「輪違」は、ホップ絡み目と同形です。もっと面白いのはボロミアン環で、3つの円で構成されています。ボロミアン環が特殊で一見すると実現不可能に見えるのは、どの2個の円も互いに絡んでいないの

自明な絡み目

ホップ絡み目

ボロミアン環

ヴァルクヌト
（「殺された者たちの結び目」）

に、3つの円は互いに絡んでいるからです。そのため、3つのうちどれか1つの輪を取り除けば、残りの2個の輪は簡単に分離できます。ボロミアン環の名はイタリアの貴族であるボロメーオ家の紋章にこの図形が含まれていることに由来しますが、図形自体は古代から知られています。ヴァイキングの遺物に描かれているヴァルクヌト（「殺された者たちの結び目」の意、別名オーディンの結び目）というシンボルは、3つの三角形をボロミアン環と同じように組み合わせた図形です。このモチーフもさまざまな宗教に登場しており、古いキリスト教会の装飾では聖三位一体の象徴として用いられています。

　結び目と絡み目は生命化学でも発見されています。タンパク質には「折り畳み」で特定の形になる能力があることが知られており、これは生体内でタンパク質が機能するための重要な特性です。1990年代半ばから、タンパク質が折り畳まれて結び目を作ることや、場合によっては絡んだ環さえ作ることが発見され、生物学界を驚かせました。通常、私たちが結び目を作る場合には意図的にひもをねじったり、穴を作って通したりする必要があります。しかしタンパク質がどうやって自発的に集まり、どうやって結び目を作っているのでしょうか。その過程を見ることは困難です。タンパク質の折り畳みの結果を予測するために使われる数学モデルでは今のところ、結び目を持つ構造を説明できてい

ません。これまでの数学モデルの大部分は、タンパク質の構造変化に費やされるエネルギーの考察に基づいており、結び目を持つ構造はなんであれ、エネルギー的に"ありえない"とみなされるからです。研究者は現在、結び目タンパク質がどのように畳み込まれるのか、なぜ折り畳まれるのかを理解しようと努力しています。

2017年初め、マンチェスター大学の化学者チームが、これまで知られている中で最も強固な"分子の結び目"を作ったと発表しました。その結び目は鎖状につながった192個の原子で構成され、結び目の幅はわずか1mmの200万分の1——人間の髪の毛のおよそ20万分の1——です。炭素、窒素、酸素の原子が連なったひもが8ヵ所で交差し、丸まって円環状の三重螺旋を形成しています。結び目の強固さを示すのは交差箇所同士の間隔ですが、この結び目ではそれがわずか原子24個しかありません。

科学の世界ではこの他にも予想外のトポロジーが見つかっています。最も驚きをもって迎えられた報告のひとつは、分子世界のメビウスの帯です。2012年にグラスゴー大学の化学者たちが、シンメトリー（対称）構造を持つ環形の分子にモリブデンと酸素の化合物（Mo_2O_8）を1ユニット加えることで非対称にすることに成功したと伝えられました。環に新しいユニットを組み込んだ影響で環が半分ねじれ、メビウスの帯と同じトポロジーが生まれたのです。

メビウスの帯を作るのは、文字通り子供の遊びレベルに容易です。しかし、有名なもうひとつの"単一の曲面のみからなる図形"であるクラインの壺はそうはいきません。クラインの壺は、最初にその図形を論じたドイツの数学者フェリックス・クラインにちなんで名づけられています。彼は最初この図形をドイツ語でKleinsche Fläche（クラインの曲面）と呼んだようですが、Kleinsche Flasche（クラインの壺）と間違えて伝えられた、と言われています。「クラインの曲面」の方が図形の説明として正確なのですが、壺という名前が定着し、この図形がより広く認知されるのに役立ちました。

クラインの壺はメビウスの帯とは異なり、縁や境界を持たず、球面と同じ性質を持っています。しかし、球面と違うのは内側と外側の区別がないことです。単一の曲面がそれ自身に畳み込まれているだけなので、内と外が同じです。私

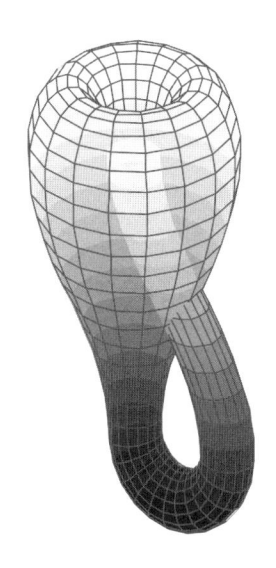

3次元空間にはめ込んだクラインの壺。「内側」と「外側」のように見えるものは、実際は同じ面です。通常の3次元空間では表現できない（3次元に埋め込めない）ため、クラインの壺を自己交差させる必要があります。クラインの壺そのものに交差はないので、この図では、自己交差の部分をぼかして示していいます。

たちはこの種の図形には慣れていません。現実世界で私たちが見慣れている物体は、泡や箱やボージョレー・ワインのビンのように内と外がはっきりわかり、内部に一定の量の空間があります。ところがクラインの壺は空間を2つの別々の区域に分けないので、中に何も入ることができず、容積はゼロです。

　球面、トーラス、メビウスの帯は、いずれも3次元空間に "埋め込む" ことのできる2次元の曲面です。ここでいう「埋め込み」には厳密な数学的意味がありますが、みなさんは "ある空間の中にもうひとつの異なる空間を貼り付けること" と考えてくださってかまいません。重要なのは、球面、メビウスの帯、クラインの壺、その他の幾何学物体は、それらが入っている空間の性質——何次元かや、空間が平坦か曲がっているかなど——には左右されない性質を持った抽象的概念だという点を忘れないことです。しかし、それらの物体を別の空間に埋め込もうとすると、実際はいくらかの変化が起こります。たとえばトーラスは3次元に埋め込むことができ、日常的に私たちの目に入ってきますが、

その場合のトーラスは穴——真に数学的な穴——が1個あるように見え、内側と外側を持っています。

　さて、ある程度の年齢より上の読者のなかには、古典的アーケードゲーム「アステロイド」を覚えている方もいるかもしれません。プレーヤーが宇宙で自機を操作し、飛び交う小惑星や時折現れるUFOを撃って破壊するゲームです。このゲームとドーナツ型のトーラスには何も共通点がなさそうに思えるでしょう。しかし、トポロジー的には両者はまったく同じです——どちらもトロイド（環状面）なのです。ドーナツの穴は、トーラスを3次元に埋め込んだことによって生じた特徴で、すべてのトーラスに本来備わっている性質ではありません。ゲーム「アステロイド」の空間では、トロイドの特徴である穴は現れません。かわりに、物体が画面の片方の端で消えると即座に反対側の端に現れるという形で発現します。画面の右側に消えると左側に現れ、上側に消えると下側に現れるという具合です。トーラスは4次元に埋め込むことも可能で、その場合、たとえばヴィクトリア時代の数学者ウィリアム・キングドン・クリフォードにちなむ「クリフォード・トーラス」が得られます（ちなみにクリフォードは、重力とは私たちが生きている宇宙の幾何学から生じる効果なのではないかと最初に示唆した人物でもあります）。私たちがよく知っている環状のトーラスは内側と外側が明確に分かれているのに対し、クリフォード・トーラスは空間を分割しないので内側も外側もありません。

　クラインの壺にも同じことが言えます。オーストリア系カナダ人の数学者レオ・モーザーは、クラインの壺のアイディアがどのように生まれたかを五行戯詩の形式で解説しています。

　　数学者あり、名はクライン

　　メビウスの帯を神聖視。

　　彼いわく

　　「その縁同士を貼り合わせれば

　　わが壺と同じ奇妙な壺とならん」

　これが、クラインの壺に縁がない理由です。メビウスの帯の左右の縁をつなげることで、すべての点がなめらかに接続したひとつの連続的な面が形成されるのです。クラインの壺を作るもうひとつの方法は、長方形の1組の対辺を貼り合わせて円筒を作り、次に、残ったもう1組の辺（円形になっている）を半分ねじって張り合わせることです。後半の操作は言葉だけ聞くと簡単そうですが、3次元空間内では不可能です。曲面が、穴をあけることなくそれ自身を通り抜けるには、4次元を利用しなければなりません。ただ、この小さな困難があるからといって、完全にとは言えないもののかなり正確なクラインの壺を3次元世界で作ろうと試みる人がいなくなるわけがありません。ガラス製クラインの壺制作の分野で名高い専門家としては、カリフォルニア州オークランドでアクメ・クライン・ボトルという会社を経営するクリフォード・ストールと、イギリスのベッドフォード在住でロンドンのサイエンス・ミュージアム（科学博物館）のために多彩なクラインの壺シリーズ（メビウスの帯で3回以上の奇数回ひねりを加えるとバリエーションが生まれるのと似た、複雑な形のいろいろなクラインの壺）を制作したアラン・ベネットがいます。彼らが作ったのは、数学者が「クラインの壺の3次元への『はめ込み』」と呼ぶ形です。はめ込み（immersion）と埋め込み（embedding）の違いは技術的な差ですが、簡単にいうと、クラインの壺の3Dモデル（すなわち、はめ込み）は曲面がその曲面自身を通り抜ける場所で必ず自己交差します。一方、真のクラインの壺には自己交差はなく、4次元への埋め込みでは交差は存在しません。

　クラインの壺の――そしてそれ以外のあらゆる曲面の――もうひとつの大きな特徴は、「向き付け可能性」です。私たちが物理世界で目にする曲面の大部分は、「向き付け可能」です。向き付けが可能であるとは、その曲面の上に小さな円形の矢印（時計回りか反時計回りのどちらでも）を描き、それを曲面全体にぐるっとスライドさせた後に出発点に戻した時、矢印の向きが最初と同じままであるということです。たとえばトーラスでこれをすると矢印の向きは変わらないので、トーラスは向き付け可能な曲面です。しかしクラインの壺やメビウスの帯で同じ実験を試みると、矢印は反対向きになります。これらの曲面は向き付けが不可能だからです。

位相幾何学者は頭の中で次元の異なる空間の間を行き来して長い時間を過ごします。そのため、この次元間の跳躍を行う中で出会うものごとを一般化するための独自の用語を考えだしています。「埋め込み」と「はめ込み」はそのような文脈で使われる言葉のペアです。また、「多様体 (manifold)」は「曲面 (surface)」を一般化して4次元以上の空間の性質を研究するために導入された用語です。曲面は本質的に2次元ですから、「2次元曲面」は同義語反復になってしまうので、かわりに「2次元多様体」と言います。球面、トーラス、メビウスの帯、クラインの壺は、いずれも2次元多様体です。最初の3つは3次元に埋め込むことができますが、クラインの壺はできません。線や円は1次元多様体です。3次元多様体、4次元多様体… のようにもっと次元の高い多様体もありますが、私たちはそれらを正しく視覚化できません。3次元多様体のうち最もシンプルな例のひとつが、3次元球面です〔3次元球面については第2章も参照して下さい〕。私たちが普段見ている球は2次元球面で、3次元における球体の境界面をなしています。それと同様に、3次元球面は4次元球体の境界をなす3次元物体です。私たちは2次元における曲面に相当する3次元物体がどんなものか正確に想像することはできませんし、ましてやもっと高次元の境界などとても無理です。けれども、こうしたハンデがありながらも、数学者は高次元を扱うために必要なツールを全部持っています。

　高次元を研究していると、驚くことがいろいろあります。たとえば4次元では円は絡み目を作ることができず、普通の結び目は存在しません。もっと高い次元でも同じことが言えます。4次元空間ではとても奇妙なことが起こります。球面自体が結び目になりうるのです。私たちはそれを視覚化できません。2次元の平坦世界の住人には円が自己交差せずに結び目になれることを想像できないのと同じです。

　数学のどの分野にも言えることですが、トポロジーは活気に満ちた研究領域で、毎年新しい発見があり、それでいて古い問題から新しい問題まで未解決のものが残っています。トポロジーで──そして数学全体で──最も重要な概念のひとつに、ポアンカレ予想があります。といっても、はっきりした実用的な用途があるから重要なのではありません。私たちが知る限り、トポロジーに

は火星に速く到達できるとか老化を防止できるといった効果はありません。数学者が関心を持つのは、高次の曲面（すなわち多様体）を分類する試みの一環としての純粋に理論的な側面です。

アンリ・ポアンカレがその予想を初めて世に問うたのは1900年でした。ポアンカレはトポロジーを厳密な学問として確立した先駆者のひとりで、当時の数学のあらゆる分野で非凡な才能を発揮して「最後の万能人」とも称された人です。彼はホモロジーと呼ばれる技法（大雑把に言えば多様体の穴を定義しカテゴリー分けする方法）を提示しました。この技法は口で言うほど単純ではありません。数学的な穴は、プレッツェルや靴下の穴とは違って一筋縄ではいかず、位置を見定めたり数を数えたりするのが難しいことがあるからです。たとえば、アステロイド・ゲームの2次元空間はトポロジー的にはトーラスと等価ですが、トーラスには明らかに穴が開いているのが見えるのに対し、アステロイドの空間にはどこにも穴がなさそうに思えます。しかし、数学的な穴は抽象概念なのでドーナツの穴より想像しにくいことや、穴のまわりが「ループ」に囲まれていることを思い出して下さい。ホモロジーは、多様体におけるさまざまなタイプのループの分析方法であると定義することもできます。

ポアンカレのもともとの予想は、「任意の3次元多様体が3次元球面と同じホモロジーを持っていれば、トポロジー的に等しい」というものでした。しかし数年のうちに彼自身がこの予想の反証となるポアンカレ・ホモロジー球面を発見します。ポアンカレが見つけたこの球面は、真の3次元球面ではないにもかかわらず、3次元球面と同じホモロジーを持っています。彼はさらに研究を続け、ポアンカレ予想を新しい形で述べ直しました。その内容をわかりやすく言うと、有限の3次元空間に穴がひとつもなければ、それを連続的に変形して3次元球面にすることができる、となります。20世紀を通じて多くの数学者がこの問題と格闘しましたが、ポアンカレ予想は証明されませんでした。これが極めて重要な問題と考えられていたことは、2000年にクレイ数学研究所が「最初に証明した者に100万ドルの懸賞金を与える」と定めた7つの問題（ミレニアム懸賞問題）に含めたことからもわかります。その3年後、ロシアの数学者グリゴリー・ペレルマンがこれと密接に関連したサーストンの幾何化予想を証明

し、その結果としてポアンカレ予想が真であることも証明しました。

2005年にペレルマンは、数学界で最も権威がありノーベル賞にも匹敵する名誉と言われるフィールズ賞を受賞します。2010年にはポアンカレ予想の証明がクレイ数学研究所によって認められ、彼に100万ドルが贈られると発表されました。しかし彼はそのどちらも辞退しました。倫理的な理由からとみられています。第一に、ペレルマンは他の研究者の大きな貢献、特に彼の証明の基盤となったアメリカの数学者リチャード・ハミルトンの業績が十分に評価されていないと考えていました。次に、彼は一部の研究者の不誠実な態度を——特に、ハミルトン＝ペレルマンの証明を検証する論文を2006年に発表した中国の数学者、朱熹平と曹懐東が、あたかも自分たちが最終的に証明したかのように書いたことを——不満に思っていました。「ポアンカレ予想と幾何化予想の完全証明——ハミルトン＝ペレルマンのリッチフロー理論の応用」と題するその論文は後に朱と曹自身によって撤回され、より控えめな内容の論文に差し替えられました。しかしペレルマンが受けたダメージは取り返しがつきませんでした。彼は朱と曹の行為に失望し、数学界が彼らを批判しないことにも落胆しました。2006年に『ニューヨーカー』誌の取材を受けた彼は、記事の中でこう語っています。「僕が目立たない存在であれば、選択できる——（数学界の不誠実さについて騒ぎ立てるという）醜いことをするか、その種のことをせずにペット扱いに甘んじるかを。でも、有名人になるとペットのまま黙っていることはできない。だから、僕は消えなければならないんだ」。ペレルマンが完全に数学と縁を切ったのか、それとも今でも黙々と他の問題を研究しているのかはわかりません。目立つのが嫌いなのは間違いありません。「僕は金にも名誉にも興味がない」と、クレイ研究所からの授賞発表後に言っています。「動物園の動物みたいに展示されたくない」。しかし、トポロジーの中でも最も重要で最も難しい問題のひとつを解いた彼には、歴史の中で占める位置が確実に用意されています。

トポロジー分野には他にも「三角形分割予想」という有名な"頭痛の種"がありましたが、これも最近決着がつきました——ただし、反証が提示されるという形で。平易な言い方をすると、問題になっていたのは「すべての幾何学的空間は、より小さいピースに分割できるか否か」です。三角形分割予想は、分割

できるという立場でした。たとえば、球面は小さな三角形で表面を完全に覆い尽くすことが可能です。正二十面体 ── 正三角形20枚で構成される多面体──は荒っぽく言えば球面に近似していますが、さまざまな形の三角形を好きなだけ多数使うと、限りなく球に近づけることができます。トーラスも同じやり方で「三角形分割」ができます。3次元空間は任意の数の四面体に分割することが可能です。しかし、より高い次元すべてで、幾何学的対象物を“高次元において三角形に相当する図形”に分割することは可能でしょうか？　これについて、2015年に「できない」という証明がなされました。反証したのはルーマニア人数学者でカリフォルニア大学ロサンゼルス校の教授を務めるチプリアン・マノレスクです。国際数学オリンピック史上ただひとり3年連続の満点を達成した天才少年マノレスクは、ハーヴァードの大学院生となった2000年代初めに三角形分割問題に出会いました。当時の彼は「近寄りがたい問題」として三角形分割を避けましたが、その後、この問題の解決に必要なのは自身が博士論文に書いた理論（フレアーホモロジーと呼ばれる技法に関する理論）であることに気付きます。以前の研究業績を応用することで彼は7次元多様体のいくつかには三角形分割がないことを提示し、これによって三角形分割予想は真でないことを立証しました。他の方法を使うと4次元空間ですら三角形分割の分析を行うには複雑すぎることを考えれば、彼が生み出した成果は驚異的な離れ業というほかありません。

　1980年代初めにアメリカの幾何学者ウィリアム・サーストン（2012年没）は、3次元多様体をすべて明らかにするプロジェクトを構想しました。2次元多様体についてはすでに明らかになっていました。2次元多様体は球面、トーラス、2つ穴トーラス、3つ穴トーラス… などなどです。加えて、クラインの壺とその射影平面（ねじれの方向が同じメビウスの帯2本を縁に沿って貼り合わせることで作られる）のような向き付け不可能な曲面も含まれます。サーストンはこうした2次元多様体の多くをポリゴンで表示する技法を利用しました。たとえば、正方形の対辺同士を貼り合わせると、トーラスができます。2つ穴トーラスの作成はそれよりも難しいのですが、サーストンはうまい手を見つけました。彼は双曲平面に埋め込まれている八角形の特定の辺同士を貼り合わせることで2つ穴

トーラスができることを示したのです。この埋め込みによって、ユークリッド空間で八角形を扱う際に生じる困難が回避されました。この場合、2つ穴トーラスは八角形の頂点すべてと1点を共有します。そのためには点の角度の和が360度でなければいけませんが、ユークリッド空間では八角形の内角の和は1080度あります。ところが、双曲幾何学——鞍状の曲面（より正確に言えば球面と反対の向きに一定の比率で曲がっている曲面）上の幾何学——においては、適切な大きさの八角形の内角は45度になり、問題が解決されます（双曲幾何学は第13章で説明します）。

　サーストンは3次元でこれと似たことをしようとしました。2次元には、一定の曲率（曲がり具合）を持つ幾何学が3種類あります。楕円幾何学、ユークリッド幾何学、双曲幾何学です。楕円幾何学とユークリッド幾何学は空間への埋め込みが容易ですが、双曲幾何学は埋め込みできません（双曲幾何学の発見がずっと遅れたのはそのためです）。3次元にはこの3つの幾何学に相当するものと、さらにそれ以外の幾何学があり、合計で8種類があります。そのなかで最も複雑で扱いにくいのは、2次元の場合と同様に双曲幾何学です。2012年にイアン・エイゴルがすべての双曲多様体の列挙（当時未解決だった唯一の問題）に成功しました。彼の手法には、多様な次元の立方体からなる複合体を使い、それらの立方体を2等分する超平面を分析するといった、一見すると元の問題とは何の関係もなさそうな技法が含まれていました。これらの多様体には現実的な用途があります。たとえば、一部の宇宙論研究者は宇宙全体が楕円幾何学で記述され、宇宙は有限の多様体で十二面体構造を持ち、いくつかの面は特定されている、と唱えていますが、エイゴルの技法を使うとこの多様体を分類できます。

　もちろん、トポロジーには未解決の問題がたくさんありますし、知見の範囲が広がるにつれて、私たちの知らないことがまだどれほど多いかも明らかになるでしょう。しかし、100年かそれ以上前とは違い、トポロジーはもはや特殊で実用性がなさそうな主題ではありません。現在ではトポロジーはロボット工学や凝縮系物理学や場の量子論などの分野で現実世界への応用が数えきれないほど行われていますし、数学のほぼすべての領域でトポロジーの考え方を見ることができます。

神、ゲーデル、そして証明の探求

> 私が証明という言葉であらわしているのは、半分の証明2つが全体の証明
> 1つに等しいとする法律家的な意味ではなく、半分の証明＝0であり、証
> 明にはいかなる疑義の余地も許されないとする数学者的な意味である。
>
> ——カール・フリードリヒ・ガウス

> 証明は数学者にとって崇拝の対象であり、彼らは証明の前で自らを鞭打
> つのだ。
>
> ——アーサー・エディントン（『物理的世界の本質』）

数学は、絶対的確実性が成り立ちうる唯一の学問です。命題や定理は微塵の疑いもなく真であるとして提示されることができますし、それらの真実はつねに真であり続けます。だからこそ、数学者は証明に"取りつかれて"いるのです。何かがひとたび厳密に証明されれば、それは100パーセントの確信を持って既知のものごとに加えることができ、以後の研究のための決して揺らぐことのない土台となります。ただ、晴れ渡った数学の青空にひとつだけ、永遠に消えない癪にさわる雲があります。それは、数学のいかなる系の中にも、その系の内部からは決して真か偽かを証明できない命題が必ず存在する、と数学者たちが知っていることです。

1941年頃、オーストリア生まれの論理学者クルト・ゲーデルが、神の存在を証明しました。ゲーデルはプリンストン高等研究所でアルベルト・アインシュタインの親しい友人でした。アインシュタインが不可知論と汎神論の間で行ったり来たりして、あるときなど「スピノザの神」を信じていると言ったことがあるのに対し、ゲーデルは教会に通わない有神論者で、夫人によれば「毎

週日曜の朝はベッドの中で聖書を読んで」いました。しかし、彼が発表した神の存在の証明は、彼の根っこにルター派の信仰があることとも、その他普通の人間が思いつけるどんなこととも関係ありません。彼の証明は、高度に知的な数学的思考の産物にほかなりませんでした。証明の1行目は次のとおりです。

$$\{P(\varphi) \wedge \Box \, \forall x \, [\varphi(x) \to \psi(x)]\} \to P(\psi)$$

それに続く部分もおよそわかりやすさとは無縁で、最後は次のように終わります。

$$\Box \exists x \, G(x)$$

神ならぬ身の私たちにわかるように言い換えると、「神に似たものは必然的に存在する」となります。

言うまでもなく、ゲーデルのこの証明にどこからも疑義が出ないなどということはありえませんでしたし、「様相論理」と呼ばれる正式な表記法で記されて極めて厳密であるように見えはしても、個人の見解に過ぎない曖昧な仮定を多数含んでいました。ゲーデルの名を有名にした他の業績——特に、世界を揺るがせた不完全性定理（これについては後述します）——では、そういうことはありません。

「証明」をどういう意味で捉えるかは、人によって違います。法律関係の仕事では、訴訟内容や法廷の種類に応じてさまざまな意味合いを持つでしょう。法的な証明はつきつめれば証拠（エビデンス）ですが、判事や陪審員を納得させるために必要な証拠の量と質は民事裁判と刑事裁判で異なります。民事裁判では、判決は蓋然性のバランスに基づいて下されます。判事は、「ありえそうな度合が高い」あるいは「疑うに足る合理的な根拠がある」という結論に達すれば、判決を下すことができます。欧米の刑事裁判では、有罪が証明されない限り被告人は無罪と推定されます。この場合の「証明」は、被告が有罪である蓋然性ではなく、「合理的な疑いを差しはさむ余地なく」有罪であることを意味

第13章
神、ゲーデル、そして証明の探求

クルト・ゲーデル

します。

　法律家と同様に、科学者も証明より証拠を扱うことの方が多い人々です。事実、現代の科学者はとても控えめなものの言い方をし、絶対的な意味での「証明」や「真実」について語ることを避けます。科学とは何かといえば、たいていは観察・観測してデータに最も合った理論を考え、次いでその理論をさらなる観察や実験によって検証する営みです。科学の理論はつねに暫定的なもので、その時点で世界の仕組みを最もよく説明できる考え方にすぎません。たったひとつの新しい観察結果が理論に反していると確認されるだけで、その理論を永久に葬り去るのに十分です。重力を例にとってみましょう。アリストテレスは、重いものの方が軽いものより速く落下すると信じていました。たしかに、石と羽根を同時に同じ高さから落とせば、石の方が先に地面に着きます。アリストテレスが間違っていたことを示すには、よく考えられた実験——と2000年の歳月——が必要でした。1589年にガリレオがピサの斜塔の最上階から重さの違う2個の大砲の玉を同時に落とし、同時に地面に落ちたことを確認して重力についての古い考え方を根底から覆した、という魅力的な神話が語り伝えられています。ただ、この話はおそらく事実ではないとされています。この逸話を記した一次資料はガリレオの弟子のヴィンチェンツォ・ヴィヴィアーニの手になるガリレオの伝記だけで、それも出版されたのはヴィヴィアーニの死後

だいぶたってからです。実際にガリレオが行ったのは、傾斜面で重さの違う玉を転がす実験でした。これは重力の効果を弱める巧妙な方法で、それにより彼は物体の落下率を正確に測定できました。ガリレオの結論とドイツの天文学者ヨハンネス・ケプラーの研究成果を利用して生み出されたのが、アイザック・ニュートンによる新しい重力理論です。ニュートンの重力理論は今も学校で教えられています。太陽系内で宇宙船や探査機を飛ばすための航路計算にも使われていますし、重力がどのように影響を及ぼすかを知るには、ほとんどの場合この理論でうまくいきます。ただ、あくまで「ほとんどの場合」です。問題は、すべての場合に必ず正確な結果が導き出せるわけではないことです。ニュートンの万有引力の法則は、極めて優秀な近似です。あまりにも近似が優れているため、普通は理論から得られる予測と現実の違いに気が付きません。それでも、近似にすぎないのです。現在のところ重力に関する最良の理論は、1915年にアインシュタインが発表した一般相対性理論です。この理論は、ニュートンの理論では説明できないこと——たとえば水星の近日点移動、恒星の光が太陽の近くを通る時に曲がる現象、ブラックホールの近くなどの引力が極端に強い場所の状況——を説明できます。しかし、一般相対性理論が重力理論の最終的な決定版だと考える人はひとりもいません。決定版ではありえません。なぜならアインシュタインの理論は、量子力学が作用する極微小な世界での重力のふるまいを説明できないからです。量子理論と重力理論をひとつにまとめる理論があるに違いないのですが、私たちはまだそれを見つけられずにいます。

　重要なのは、科学の世界ではある理論が間違っている——あるいは、せいぜい近似にすぎない——と明らかにすることは可能だが、ある理論があらゆる状況下において真であると証明することは不可能だ、という点です。今後、それまでまったく知られていなかったことが発見され、現時点で最も良い理論的説明とされているものが消し飛ぶ可能性はつねにあります。ところが、数学の場合は話がまったく違います。

　あらゆる数学の中核に証明があります。学校で習う数学では問題を解くことに重点が置かれ、真か偽かの証明にはあまりお目にかかりません。しかしもっと高次の数学では、すべての研究者にとって証明こそが王様であり究極の目標

です。数学の理論は一点の疑いもなく証明されることが可能で、ひとたび証明されれば決して変わりません。たとえば、直角三角形の辺の長さについての「ピタゴラスの定理」は確実に証明されています。ある一定の前提（これについては後で述べます）に立つ限り、この先誰かがこの定理が間違いだと発見することは不可能です。実際、人類が探求しているあらゆる領域の中で、数学とその親戚である論理学は、"疑う余地のない確実さ"が可能だという点で他に類を見ない存在です。

　数学者も科学者と同様、最初は証拠を——幾何学の法則や数のパターンといったものを——捜し、次にそれらの証拠を結びつける理論を提案します。しかし数学が科学と違うのは、新しいデータに基づいて理論を絶えず改良していく終わりのないサイクルとは無縁なことです。数学の理論は、異なる条件や異なる数値を使ったテストに何回持ちこたえたとしても、誰かが厳密な証明を完了して欠陥が一切ないことを示さない限り、正しいとは認めてもらえません。隙のない証明が可能だという事実が意味しているのは、数学者は証拠だけ見せられても「だからどうした」程度にしか受け止めないということです。

　証明の歴史が始まったのはギリシャ時代です。それまでの数学は主として実用的な便法で、勘定や建築などの場面で使われていました。四則計算と、形や空間についての経験則はありましたが、それ以上複雑な内容はありませんでした。証明が登場しはじめたのは紀元前7世紀頃で、最初の自然哲学者のひとりであるミレトスのタレスの活動からとされます。哲学、科学、工学、歴史、地理までを含むほとんどすべての分野に関心を持っていたタレスは、幾何学の中で最も古い単純な定理をいくつか証明しました。同じギリシャでタレスより半世紀ほど後に生まれたのが、「ピタゴラスの定理」で有名なピタゴラスです。ピタゴラスの定理の何らかの証明を初めて提示したのが彼自身なのか、それとも彼の学派の誰かなのかは不明です。その証明について書かれた当時の資料が残っていないからです。同じ法則——直角三角形の斜辺の2乗は残りの2辺の2乗の和に等しい——はバビロニア人なども知っていて、建築に利用していました。けれども、誰が最初に証明したのかや、どのような形で証明したのかは不明です。後の時代の基準に照らせば、古代の証明は"正式な証明"ではなかっ

たに違いありません。ピタゴラス学派は、無理数（整数を整数で割る分数の形であらわせない数）の発見にも関係しています。これについても、無理数という考えがどこから導かれたのかは不明です。ただ、2の平方根を分数であらわせないことをピタゴラス教団の一員のヒッパソスが何らかの方法で証明した、という伝説があります。整数を尊崇していたピタゴラス教団はこの結果を忌み嫌い、自分たちの世界観の"傷"を秘匿するためにヒッパソスを海に突き落として殺したといわれています。しかし、この処刑について伝える古代の数少ない資料は、ヒッパソスという名を記していないか、ヒッパソスは別の罪状で――球の内部に十二面体を作ることができると示して神を冒瀆したために――溺死させられたと書いています。

　紀元前3世紀に入る頃、エジプトのアレクサンドリアで活動したギリシャ人のエウクレイデス（ユークリッド）の業績によって数学的証明は大きく前進し、現在私たちが知る形に近いものになりました。彼は著書『原論』で、真であることが自明と考えられる基本的な前提を組み合わせて一段階ずつ根拠を示しつつ論理を進めていくという、近代証明理論の基礎を築きました。最初はひとつかふたつ、あるいはいくつか少数の基本的仮定から出発し、以降の各段階は、前の段階から論理的かつ明白に導き出されます。

　『原論』は主に幾何学を扱っており、それまでギリシャ人に知られていた幾何学理論の多くを初めて厳密に証明しています。エウクレイデスが出発点に据えたのは中核をなす5つの前提で、この5つは「エウクレイデスの公準（postulate）」として知られます。たとえば、「任意のどの2点の間にもまっすぐな線分を引くことができる」、「まっすぐな線分は限りなくどこまでも延長することができる」といった公準が提示されています。これらの公準――現代の数学ではこのようなものは公理（axiom）と呼ばれます――は、あまりに明白に真なので証明する必要はないとみなされています。それに、たとえこれらについて何らかの証明が示されたとしても、その際には必然的に別の前提が定められています。とにもかくにも、私たちはどこかに出発点を置かなければなりません。エウクレイデスは公準を定め終えると、ある段階から次の段階へと水も漏らさぬ論理で1行1行理詰めに進んでいき、あれこれの定理の証明が完成する

までそれを続けました。次に、それらの定理を用いて、他の定理を証明します。こうした完璧に秩序立った段階的な方法により、読者は容易に論理を追ったり、チェックしたりできました。

『原論』が示した幾何学——ユークリッド幾何学——は1000年以上もの間、あまり大きな疑問を呈されることなく通用しつづけました。しかしその後、彼の大著の土台をなす公準のひとつに、一部の数学者が問題を感じはじめます。エウクレイデスの公準の最初の4つは単純でわかりやすく、議論の対象になるような部分がありません。ところが、5番目のいわゆる平行線公準は前の4つよりも込み入っていて、それほど明白ではありません。エウクレイデスはもともとは次のように書いていました。「1本の直線が2本の直線に交わり、同じ側の内角の和が2直角より小さいならば、この2本の直線を限りなくたどると2直角より小さい角のある側において交わる」。後世の数学者たちは同じことをもう少しシンプルにあらわす言い方を見つけました。たとえば、スコットランドのジョン・プレイフェアは、平行線公理と同じ内容を次のように表現しています。「平面上に直線とその直線上にない点が与えられた時、点を通って直線に平行な直線は、その平面上では1本しか引くことができない」。平行線公準には同じ内容をあらわしている別の言い方がたくさんあります。最もわかりやすいのは、おそらく、「三角形の内角の和は180度である」というものでしょう。しかし、どのような文章で表現したとしても、第5の公準は残りの4つの公準ほど自明ではなく、釈然としない感じです。後の時代の多くの数学者が、最初の4つの公準を使って5番目の公準を証明できるのではないかと考えるようになりました。エウクレイデスから1000年以上が経った頃、アラビアの数学者の一部が平行線公準の正当性そのものを疑いはじめ、『原論』の幾何学の先にも何かがあるのではないかという発想が初めて頭をもたげます。

19世紀前半に、ハンガリーのボーヤイ・ヤーノシュ、ロシアのニコライ・ロバチェフスキー、ドイツのカール・ガウスという3人の数学者が、もし平行線公準を除外すると、その結果もたらされるのはエウクレイデスの幾何学の破綻ではなく、まったく新しい種類の幾何学であることに気付きました。その"新しい幾何学"が双曲幾何学（hyperbolic geometry）です。hyperbolicの語源は

「過剰」を意味するギリシャ語で、新しい幾何学がユークリッドの平坦な空間には収まりきらない空間を持っていることをあらわしています。双曲幾何学は、一定の負の曲率を持つ曲がった空間（球面とは反対の意味で曲がっていて、曲がり方の程度は固定されている空間）における幾何学です。双曲幾何学では三角形の内角の和は180度よりも小さく、ピタゴラスの定理は成り立ちません。けれどもそれは、ユークリッド幾何学が間違っているとか、エウクレイデスが示したピタゴラスの定理の証明に不備があったということではありません。エウクレイデスが定めた公理の下ではピタゴラスの定理はつねに真であることが証明されています。単に、もしそれらの公理が変わったら別の形の幾何学ができ、そこでは別の定理が成り立っているということです。5番目の公準を取り去って、代わりにそれを否定する内容を入れると、双曲幾何学というまったく新しい幾何学が生まれるのです。同様の効果は数学のあらゆる系にあてはまります。根底にある公理を変えると、別の法則が支配する新しい数学的領域が開けます。ピタゴラスの定理は、エウクレイデスが与えた公理のセット——5つの公準——を使うと、真であると証明できます。けれども、5番目の公準を捨てると非ユークリッド幾何学のひとつが現れて、そこではピタゴラスの定理が偽になります。数学者たちは、やはり平行線公準を否定し、さらに2番目の公準を修正して、球面上でそうであるように「まっすぐな線分を限りなくどこまでも延長することはできない」とすることにより、また別の幾何学を発見しました。このタイプ（曲率が正）の非ユークリッド幾何学は楕円幾何学と呼ばれ、ドイツのベルンハルト・リーマンがパイオニアです。

　エウクレイデスは、数学の証明を正しい方法で正確に行うにはどうすればよいかを世界に示しました。また、ひとつの分野で定義された同じ公理のセットを数学のすべての領域で使う方法も提示しました。『原論』以降に書いた書物で、彼は5つの公準を幾何学以外の分野のさまざまな定理の証明に適用しています。たとえば、数論に適用できるように公準を作り変えて、素数（1とその数自身でしか割り切れない自然数）が無数に存在することを証明しました。現代の数学者たちも、ある分野の公理の中で幅広く全体に適用できるものを選ぶという、エウクレイデスと同じアプローチを用います。ただし、彼らが使うのは幾

何学ではなく、もっと抽象的な、集合論として知られる領域です。

集合論の開拓者は第10章でも登場したドイツのゲオルク・カントールとリヒャルト・デーデキントです。彼らは無限に関する数学の開拓者でもありましたが、これは偶然ではありません。集合論は、有限数と無限数の両方を扱えるから確固たる地位を獲得したのです。集合論はその名の示すとおり、集合に関する理論を提供しました。集合とは対象物の集まりであり、そこでいう対象物は、数でもアルファベットの文字でも、はたまた惑星でもパリの住民でも、集合の集合でも、その他なんでもかまいません。数学の世界では、さまざまな集合論が存在可能で、数学者はそれらの集合論を支える公理系を完全に自由に選ぶことができます。現代の大部分の数学者が使っているのは、ツェルメロ＝フレンケルの集合論です。この集合論はたいていの場合に非常にうまく機能するからです。これに選択公理（AC）と呼ばれる特別な公理を加えたものは、しばしば「ZFC集合論」と呼ばれます〔ZFCはツェルメロ（Zermelo）、フレンケル（Fraenkel）、選択（Choice）の頭文字です〕。ZFCの公理の多くは自明で、読んで字のごとしです。「同じ要素からなる2つの集合は同一である」などがその見本です。しかし選択公理はかなり厄介です。実際、選択公理はエウクレイデスの平行線公準以来最も議論の対象になっています。

選択公理をひらたく言うと、いかなる集合の集まりを与えられても、それぞれの集合からある特定の選び方で要素を1つずつ取ってきて、それらを合わせて新しい集合を作ることがつねに可能である、という内容です。日常的な状況であればこれは自明のように見えます。たとえば、世界のすべての国から1人ずつ連れてきて、全員を同じ部屋に入れることは可能です。問題は、無限の大きさを持つ集合が無数にある場合には、集合から要素を順に選んでいっても、有限の回数でその操作が終わることはないので、本当に新しい集合を作れるかどうか自明とはいえないことです。そうした条件下では選択を行う定まった方法がないので、選択公理は、全員が同意できる内容をあらわしているというよりも、むしろ思いつきで決めたルールに近いように見えます。とはいえ、現在の数学者の大部分は選択公理を受け入れています。なぜなら、多くの重要な定理の証明に選択公理が必要だからです。また、この公理を使うと、一見すると

ありえない結論が導かれます。一例が第9章で紹介したバナッハ＝タルスキの パラドックス（別名バナッハ＝タルスキの分割）で、球体を有限個の部分に切り分 けて組み替えることでもとの球体と同じコピー2個を作れる、つまり体積が2 倍になる、と述べます。この切り分けは現実に行われるのではなく、抽象的 な――数学的な――意味でのみ行うことができます。そう言われても、数学 よりは手品に近い印象を受けるでしょう。ところが選択公理を用いると、球体 を切り分けた後、そのピースを再び集めた時に最初の2倍の体積に（その気にな れば100万倍の体積にも）することが可能です。水滴や氷の粒の集まりである雲 が定まった体積を持たず、膨らんだり縮んだりしながら空を漂っているのと似 ているかもしれません。

　数学者が自身の目的に一番かなう公理を好きなように選ぶ自由を持っている とすると、最終的に彼らは、数学的に真であるいかなる命題の証明も可能にし てくれる公理の集合を選べるのではないかと思われるでしょう。それは逆に言 えば、正しい公理がそろっているならば、数学的に真である内容は何でも証明 できるという考え方です。20世紀に入る頃の主導的理論家たちはこのことを 疑う理由を毛ほども持っておらず、数学の完璧な系と思えるものの探索に熱心 に取り組みました。なかでも傑出した存在だったのがドイツのダーフィット・ ヒルベルトで、現代数学の発展に大きく寄与し、当時未解決の数学的問題のう ち最も重要だと自身が考えた23の問題をリストにしたことで知られています。 彼は1920年に、あるプロジェクトを提案します。プロジェクトの目的は、あ らゆる数学は正しく選択されたひとつの公理系から生み出されており、その系 は一切の矛盾を含まないことが証明されうる、と示すことでした。10年後、 彼の願望はオーストリアの（後にアメリカに渡る）数学者・論理学者・哲学者の クルト・ゲーデルによって粉々に打ち砕かれます。

　ゲーデルは1931年に2つの衝撃的な定理を発表しました。第1と第2の不完 全性定理です。彼が米国のプリンストンを訪れてアルベルト・アインシュタイ ンと親交を結ぶ数年前のことでした。不完全性定理は、「完全性」と「無矛盾性」 に関する定理です。もしもある系が完全であれば、その系の内部に含まれるあ らゆる命題は、正しいか正しくないかのどちらかを証明することが可能です。

もしもある系が無矛盾であれば、その系は証明も反証もできる命題を含みません〔証明も反証もできる命題は矛盾しています。そういう命題が系の中に存在しないということです〕。さて、第1不完全性定理は、「通常の算術（私たちが学校で習うような算術）を含む程度に複雑な系では、完全性と無矛盾性が両立しない」というものです。ゲーデルの不完全性定理は、まるで青天の霹靂のように、（最も単純な系を除いて）あらゆる数学の系の中には"真であるが真だと証明できないこと"が存在すると明らかにしました。不完全性定理は、私たちが知りうる範囲の根本的限界を明らかにした点で、物理学における不確定性原理と似ています。不確定性原理と同様に、不完全性定理も人を苛立たせ、袋小路に迷い込んだような気にさせます。なぜなら、人間が自らの頭脳でさまざまなものごとを解明しようと試みても、現実は——純粋に知的な現実も含めて——人間がすべてを知るのを阻止するようにふるまうからです。はっきり言ってしまえば、真理は証明に優越する概念ですが、それは特に数学者にとっては受け入れがたいことなのです。

　数学者と論理学者たちが十全に定義された公理の集合の必要性を認識し、それを土台として数学の系を形式化しはじめたからこそ、ゲーデルの論文は書かれ、数学界に驚異をもたらしました。このアプローチへの方向性はギリシャ時代にエウクレイデスが示していましたが、形式化のプロセスが緻密に組み立てられ、数学において思いつけるあらゆる系にあてはめられるようになるには、集合論と数学的論理が発展した19世紀後半を待たねばならなかったのです。私たちが学校で最初に習う算術——0, 1, 2, 3 … という自然数を扱う計算——を例に取ると、土台となる公理系を築いたのはイタリア人数学者ジュゼッペ・ペアノで、その系はあまり変更を加えられずに今も数学者たちに使われています。普通の算術の命題のなかにはどう見ても自明に思われるもの（たとえば 2 + 2 = 4）もあり、なぜそれを証明する必要があるのか理解しにくいかもしれませんが、やはり証明する必要はあるのです。私たちが小さい頃からおなじみの命題だからといって、それを当然正しいと見なしてよいわけではありません。ペアノ算術では、2 + 2 = 4 のような命題の証明は簡単です。2と4を、より一般的な形式である SS0 と SSSS0 という形に置き換えればよいのです。ここでS

はある数の「次にくるもの (successor)」をあらわします〔つまり、SS0は0の次の次なので2です〕。また、2 + 2 = 5 のような命題が正しくないと証明することも容易ですが、ご想像のとおり、2 + 2 = 4 に反証を示したり2 + 2 = 5 が正しいと証明したりするのは不可能です。とはいえ、ペアノ算術がいま挙げたような本当に基本的な内容しか扱えないのであれば、たいして役に立ちません。ペアノ算術は、もっとずっと複雑な算術命題も扱えるのが大きな強みです。かつて数学者たちは、十分な時間さえかければどんな算術命題もペアノ算術で証明または反証できると考えていました。ゲーデルの第1不完全性定理は、実際はそうでないことを突きつけたのです。

　彼は例として、ペアノ算術において、「ペアノ算術の内部からは証明も反証も不可能である」とする命題をひとつ選びました。そして、もしその命題が証明できれば、「ペアノ算術の内部からは証明も反証も不可能である」は偽ということになり（すなわち反証もでき）、もし反証できるなら証明も可能であることを示しました。どちらにしても、ペアノ算術が完全であれば、矛盾が生じます。そうなると、一部の人は最悪の場合の代案を持ち出し、完全性が必要だという条件をゆるめて単にペアノ算術が（または他のどんな系でも）無矛盾であることの証明だけを求めようとするかもしれません。しかしその考え方も、ゲーデルの第2不完全性定理が叩き潰してしまいます。第2不完全性定理は、「ある系が無矛盾であれば、系の内部から無矛盾であることを証明できない」ことを証明しているからです。ただしこの無矛盾性の問題については、すべての数学者がゲーデルの証明を最終的結論として認めているわけではありません。

　「算術の公理が無矛盾だと証明すること」は、ダーフィット・ヒルベルトが1900年に公表した23の未解決問題のリストの2番目に載っていました。その証明が可能だという希望は、1931年にゲーデルによって粉砕されたように見えました。ところがその数年後の1936年、ドイツの数学者・論理学者で1935年から39年にかけてゲッティンゲンでヒルベルトの助手をしていたゲルハルト・ゲンツェンが、ペアノ算術の無矛盾性を証明する論文を発表します。一見すると、ゲーデルの証明の正反対の結論です。しかし、ゲンツェンはゲーデルとは異なり、ペアノ算術の無矛盾性をペアノ算術の内部から証明しようとはし

ませんでした。かわりに彼は、特定の何種類かの順序数、なかでも特に、第10章で取り上げた巨大な順序数のひとつで、カントールがエプシロン・ゼロ（ε_0）と呼んだ順序数の性質を利用しました。この順序数はあまりに巨大なのでペアノ算術では記述できませんが、ゲンツェンは、これを使うとペアノ算術で証明できない命題——特に、ペアノ算術自身の無矛盾性——を表現し、証明できることを発見したのでした。

　ゲンツェンの方法は、多くの系の無矛盾性の証明にも適用可能です（ただし十分に巨大な順序数を構築できればという条件が付きます）。実際のところ、数学のあらゆる系は一定の「順序数によって測れる強さ」を持っています。それを決めるのは、その系がどんな大きさの順序数を構成でき、どんな大きさの順序数は構成できないかです。たとえばペアノ算術の順序数的な強さは ε_0 です。これは、ペアノ算術で構成できるのはエプシロン・ゼロより小さい順序数までで、エプシロン・ゼロ自身は構成できないことを意味します。もっと大きくてより包括的な系では、順序数的な強さも大きくなります。ZFCの場合、強さは不明です。ゲンツェンのおかげでわかっているのは、ZFCは「巨大基数公理」と呼ばれる一定の公理で拡張することが可能であり、それによって基数もZFCで構成できる範囲をはるかに超えて記述でき、結果的に大きな順序数的強さ（その大きさも不明）を持つ系をもたらすということです。

　ヒルベルトの第2問題（算術の公理が無矛盾であることを証明せよ）については、今でも数学者の意見は割れています。ゲーデルによる否定——そのような証明は不可能である——を支持する人々もいれば、ゲンツェンによる部分的肯定の証明を支持する人々もいます。いずれにせよ、こうした疑念はゲーデルの定理の中核をなすメッセージである「（ペアノ算術やZFCといった）ある数学の系の内部にある限り、一部の命題は決定不能（証明も反証もできない）である」には影響を与えません。それらの命題を証明あるいは反証するために、その系を別の系から論理的に検討できることもあります（ゲンツェンが順序数によって単純な形式の算術を補強し、考察を進めたのがその例です）。しかし、それを認めるなら、今度は検討のために使った別の系が無矛盾かどうかを知ることはできないことも認めなければなりません。

1930年代初めに不完全性定理が発表されてから30年ほどの間は、決定不能な命題は（ゲーデルが自身の証明で用いたような極めて不自然な命題を除けば）わずかな例しか知られていませんでした。しかし、そこに大きな転換点が訪れます。それは、カントールが1873年に思いついて以来数学者たちを悩ませ続けてきたある考え方、すなわち第10章でも触れた連続体仮説（CH）に関係していました。連続体仮説は、可算順序数の集合の濃度であるアレフ・ワン（$\aleph_1$）が、実数の集合の濃度と等しいと述べています。これは、可算順序数と同じ数だけ実数（直線上のすべての点）があるということです。連続体仮説が正しければ、整数の集合の濃度と実数の集合の濃度の中間に位置する濃度の集合は存在しません。カントールは自らこのことを証明しようと人生の大半を費やして努力しましたが、ついに成功しませんでした（晩年に彼が精神を病んだ原因のひとつと見られています）。ヒルベルトは連続体仮説を極めて重要な問題と考えていたため、「23の未解決問題」の一番最初にこれを置いています。連続体仮説の位置付けが明確化されたのは——完全に解決されたわけではないにせよ——、ようやく1963年になってからでした。アメリカの数学者ポール・コーエンが、現代の数学における基盤として最も広く使われる公理系であるZFCの制約（それほど強い制約ではありません）の内部からは、連続体仮説は決定不能であると証明したのです。彼は、異なる2セットの公理を考えました。どちらもZFCのすべての公理を含み、それ自身の内部は無矛盾ですが、片方のセットでは連続体仮説が真であり、もう片方のセットでは連続体仮説は偽です。そして、この両方の公理のセットが可能であることを発見しました。簡単に言うと、ZFCに追加するルールの選び方に応じてZFCの内部からの連続体仮説の証明と反証がいずれも可能であり、追加の公理がないZFCでは、証明も反証も不可能だということです。

　以前も触れたように、もっとずっと単純なエウクレイデスの数学の内部にもこの種の決定不能性はあります。最初の28の命題を含むエウクレイデスの初期の定理の多くは、彼の第5公準（決して交わらない平行線についての公準）を使っていません。それらの定理は「絶対幾何学」と呼ばれる系——ユークリッド幾何学のうち、第5公準を除いた公理系に基づく幾何学——に属します。絶対幾

何学では、ピタゴラスの定理は決定不能です。なぜなら、ピタゴラスの定理は
ユークリッド幾何学では真であるのに対し、同じくエウクレイデスの公理を基
本にしてはいるものの平行線公準を含まない非ユークリッド幾何学（双曲幾何
学など）では偽だからです。同様にZFCに追加しうる公理は他にもあり、たと
えば強制公理と呼ばれる公理をZFCに追加すると連続体仮説が反証可能にな
り、内部モデルの公理など別の公理をZFCに加えると連続体仮説を証明でき
ます。要するに、連続体仮説の証明あるいは反証による解決は不可能です。現
存する数学のすべてをカバーするほど強力な現代の集合論を駆使しても、連続
体仮説を解決することはできません。しかし数学は絶えず進化と拡張を続けて
いますから、巨大基数公理のような新技法を用いることでいつかこの問題が解
決される希望は残っています。

　数学界で（最近まで）証明されなかった最も有名な問題は、フェルマーの最終
定理です。このネーミングはあまり良くありません。というのも、これはフラ
ンスの数学者ピエール・ド・フェルマーが考察した最後の定理ではないうえ、
彼が提案した時点ではそもそも定理ですらなかったからです。古い文献には
フェルマーの予想と記されており、その方が正確な表現です。これが「最終」
定理と呼ばれるのは、フェルマーが1665年に没してから30年後に、彼の蔵書
（ディオファントスの『算術』）の余白に書き込まれているのを息子のサミュエルが
見つけたからです。フェルマーの主張自体を述べるのは至極簡単で、3以上の
自然数nについて、$x^n + y^n = z^n$を成立させる整数の解はない、となります。n
が2であれば、解は無数にあります。たとえば、$3^2 + 4^2 = 9 + 16 = 25 = 5^2$
です。ところが、nが3以上の場合は解がないとフェルマーは書き残したので
す。そして、ラテン語でこうも記されていました。「この定理に関して、私は
真に驚くべき証明を見つけたが、この余白はそれを書くには狭すぎる」。

　フェルマーは偉大な数学者で、間違えることはほとんどありませんでした。
彼が発表した証明に誤りはひとつも発見されていません。彼の予想のうち、後
に反証が示された例がたったひとつありますが、彼は一度もその予想の「証明
を得た」とは言っていません。余白の思わせぶりな書き込みは冗談だったので
しょうか？　同時代や後の時代の数学者たちに証明を焚きつける彼なりのやり

方だったのでしょうか？　それとも、実際に証明を見つけたが余白が狭すぎて書けないという事実を述べたのでしょうか？　歴史を見る限り、彼は証明を見つけてはいなかったのではないかと思われます。というのも、多くの数学者の努力にもかかわらず、その後何世紀も、それなりに短い証明の提示に成功した人がひとりもいなかったからです。実際、フェルマーの予想が証明済みの定理へとついに昇格したのは、彼の書き込みから358年後の1995年で

ピエール・ド・フェルマー

す。17世紀よりも大幅に進歩した数学を用いて、ようやく証明が実現しました。

　フェルマーの問題を解決したのは、イギリスの数学者アンドリュー・ワイルズでした。彼は10歳の時、学校帰りに地元の図書館で読んだ本で知って以来、フェルマーの主張に魅了されていました。それから25年近くが過ぎた頃、彼は本格的に証明に取りかかりました。探索を進めるうちに、彼は楕円曲線に関係する数学分野と、1957年に日本の谷山豊と志村五郎という数学者によって定式化された谷山＝志村予想と呼ばれる定理にたどりつきます。ワイルズは1993年の講義でフェルマーの最終定理の証明を発表しましたが、その後この証明には1ヵ所間違いがあることが判明しました。彼はほとんど諦めそうになりながらも2年かけて誤りを修正し、ついに完璧な証明を成し遂げて、問題を最終的に解決したのです。フェルマーの最終定理は最も有名な数学の難題でしたが、数学者にとってそれほど重要な定理ではありません。たとえば、ヒルベルトの23の未解決問題には含まれていません。それに対して谷山＝志村予想は、数学の中で大きくかけ離れているように見える別々の分野を結びつけるという、非常に大きな成果を生んでいます。

　フェルマーの最終定理のような問題の証明が困難なのは、証明が複雑で真の

神、ゲーデル、そして証明の探求

ひらめきを伴う突破口を見つける必要があるためです。それとは別に、主に手
間がかかって恐ろしく長い時間が必要になるという意味で証明が難しい問題も
あります。例として、「どんな地図でも、4色のみを使って、隣接する領域が
必ず違う色になるように塗り分けることができる」といういわゆる四色定理を
見てみましょう。四色定理が初めて登場したのは、ユニヴァーシティー・カ
レッジ・ロンドン創設時に最初の数学教授となったオーガスタス・ド・モルガ
ンが、友人であるアイルランドの数学者ウィリアム・ハミルトンに宛てた
1852年の手紙の中です。この問題には、地図上の各領域は（飛び地を持たず）ひ
とつにつながっていなければならない、地図は平面上に描かれていなければな
らない、隣り合う2つの領域は境界線の一部を共有していなければならない（1
点のみで接している場合は隣接するとはみなさない）、という制約が設けられていま
す。実は、四色定理の証明は非常に難しいのです。証明の考え方を理解するだ
けでも一筋縄ではいきませんが、最大の問題は、膨大な数の可能性を検証しな
ければならないことです。結局、数学者たちは1世紀以上も奮闘して地図の描
き方のあらゆる場合を考察し、領域の配置のパターンを1936通りまで絞り込
みました。これでも、個人（またはチーム）が一生かけて検証するには多すぎる
数でした。そのため、コンピューターを使って複雑な計算が行われました。そ
してついに1976年にイリノイ大学のケネス・アッペルとヴォルフガング・ハー
ケンが四色定理を証明し、異なるコンピューターで別のプログラムを走らせて
ダブルチェックも行いました。

　アッペルとハーケンが証明内容をクロスチェックしたにもかかわらず、一部
の数学者や哲学者からは、機械を使った証明には正当性も信頼性もない、人間
が手作業で検証できないからだ、という非難の声があがりました。定理の証明
にコンピューターを使うことの是非をめぐるこの論争は、コンピューターの誤
作動やソフトウェアのエラーで証明に間違いが生じる可能性への懸念から、今
も続いています。しかし、コンピューターを使うアプローチは歳月とともに（必
要に迫られて）次第に広まり、受容されてきています。懐疑派にいくらか安心を
与える最近の展開として、「コンピューターによる証明支援」の登場がありま
す。これは、証明を定式化し、校正して間違いをなくすことのできるプログラ

ムです。

　桁外れに長い証明を必要とすることで悪名高いものに、ラムゼー理論があります。ラムゼー理論の要点は、任意の数の頂点を結ぶ辺を、何種類かの色で塗り分けると、不可避的に一定のパターンが現れるということです。ラムゼー理論は、頂点と辺からなるグラフの場合でなくても、一般的な集合についても考えることができます。有名な課題のひとつに、「ブールピタゴラス数問題」があります。この問題は、正の整数に赤か青の色を付けていき、ピタゴラスの定理 $(a^2 + b^2 = c^2)$ を成立させる整数 a, b, c が3つとも同じ色にならないようにすることは可能かを問うています。2016年5月にマレイン・フール、オリヴァー・クルマン、ヴィクター・マレクの3人の数学者がテキサス大学オースティン校のテキサス先進計算センターにある世界最速コンピューターのひとつ「スタンピード」を2日間走らせて、ブールピタゴラス数問題の塗り分けは不可能だと証明しましたが、証明のデータは200テラバイトになりました。どれくらい長い証明かイメージしやすく言うと、人間がその証明をただ読むだけでも100億年（およそ太陽の寿命と同じ）かかり、検証しようとしたらそれよりはるかに長い時間が必要です。今後、別の問題でもっと長い証明も登場するだろうと考えられています。その"もっと長い証明になる"候補のひとつが、ラムゼーの定理で $n = 5$ が成立する場合を求める問題です。どういう内容か簡単に説明しましょう。あるグラフに49個の頂点がある時、それらの頂点間を結ぶ辺を異なる2色に塗り分けると、どのように塗り分けても互いの間に引かれる辺がすべて同じ色であるような頂点が少なくとも5つは存在することが知られています。また、頂点が42個の場合にはこれは成立しない（塗り分け方によっては互いの間の辺がすべて同色の頂点が5つは存在しない）ことが知られています。しかし、これが成立する最小の頂点数がいくつかを見出すことは、ブールピタゴラス数の時以上に高い計算能力のコンピューターを持つ数学者にとってさえ難しい課題です。

＊　＊　＊

　数学は、人類の知性が踏み込んだ中で最も奇妙で最も目くるめく魅力に富ん

だ場所への終わりなき冒険です。そういうふうに捉えたことのない人もいるでしょう。数学なんておおもとは誰でも知っている数や形なのだから、平凡で陳腐なものだと考えたくなっても、無理はありません。たしかに数学は、商人や農民、寺院やピラミッドを建てる建築家、古代の暦学者や天文学者などのツールとして始まりました。しかし平凡や陳腐とはおよそ無縁です。数学は私たちが存在する現実世界のすべての面に行きわたり、私たちを取り巻くあらゆるもの——微小な素粒子から宇宙全体まで——の裏側で、目に見えない基礎構造を作っています。

　私たちの多くは、「自分たちが日々見たり体験したりするものごとはごくありきたりで驚くべき点などない」と思いながら人生の大半の時を過ごしています。しかしそれはまったく違います。私たちの身体は原子からできていて、それらの原子核の大部分は大きな恒星の核（中心部）で核融合によって生成しました。つまり私たちはほぼ文字通り星屑でできています。ですから、夜空を見上げる時には自分の究極の故郷を見ていることになります。私たちが生きていられるのは、生命などなかった若い地球上に何らかの形で誕生した単純な生命体から多様な生物が進化し、それらの体内にある化学物質が太陽光線のエネルギーを得ているおかげです。私たちのまわりの時空のすべては、今から140億年ほど前、想像できないほど小さな1点から自発的に発生し、未来へ向かって猛烈な速度で広がっています。この先どうなるのかはまだわかっていません。宇宙に存在する物質とエネルギーの95パーセントはダークマターとダークエネルギーの形を取っていると考えられています。ダークマターもダークエネルギーもその正体や性質は謎です。そして、顕微鏡レベルよりも微小なスケールから宇宙規模にまで広がるこれらの驚くべき活動のすべてが、数学の見えざる手によって導かれています。

　数学の中には、将来役に立つかどうかなど考えずにただそれのみを追究したことで発展した領域がありますが、後にそれらが特定の条件下での物質のふるまいや、亜原子粒子が光速に近いスピードで衝突した時に何が起こるかなどをこのうえなく正確に説明できることが明らかになった例はいくつもあります。複雑なトポロジーや高次元やフラクタル地形への斬新な発想での斬り込みか

ら、テクノロジーや物理学、化学、天文学、音楽への実際的応用が生まれました。今この瞬間も、私たちの心臓の鼓動、肺の入り組んだ構造、何かを考える時のシナプス（神経細胞接合部）同士の情報伝達は方程式に導かれ、数学的論理によりパターン化されています。

　数学は現実世界と切り離されたところにあると思っている人もいるでしょうが、数学は今ここに、私たちが見るものやなすことすべての中に存在しています。自分の人生は型どおりで平凡だと感じている人もいるかもしれません。けれども実は、私たちは目を見張るほど素晴らしいことの中心にいます。そしてこの素晴らしき創造の奔流の背後にあるのは、驚異と奇妙さに満ちた数学なのです。

謝辞

　本書の草稿に目を通して助言を与えてくれたMITのアグスティン・ラヨ、プリンストン大学のアダム・エルガ、サセックス大学のヴィンフリード・ヘンジンガー、そしてアンドリュー・バーカーに心から感謝の意を表します。また、本書が完成したのは出版社Oneworldの編集者サム・カーターと編集補佐のジョナサン・ベントリー＝スミス、および装丁やその他の作業を担って下さった方々のおかげです。そして、米国版の出版を担当してくれたT・J・ケレハー、キャリー・ナポリターノ、エレーヌ・バルテルミをはじめとするBasic Books社のチームにもお礼を申し上げます。

　アグニージョは、ブローティ・フェリー（スコットランド）のグローヴ・アカデミーで彼に刺激を与え導いてくれたハンナ・ヤング、イヴォンヌ・オブライエン、ヘレン・トリースという3人の先生方と、励ましてくれたすべての同校スタッフに感謝しています。そしてなにより、彼は父母と弟があらゆる面でサポートしてくれたことをこれ以上ないほどありがたいと思っています。

　デイヴィッドは、いつものことながら忍耐強い妻のジルと子供たちや孫たちに支えてもらいました。また、両親がしてくれたすべてのことにも感謝の言葉を捧げます。

本書の内容についてもっと知りたい方は weirdmaths.com へ。
（本書英語版の公式サイトです）

著者●アグニージョ・バナジー（Agnijo Banerjee）

インド生まれ、本書の原書が出版された2018年2月時点で17歳。稀有な才能を持つ若き数学者で、共著者のダーリングに数年来師事している。ケンブリッジ大学が主催する数学教育プログラムにも参加。13歳にしてメンサ〔人口上位2%のIQ（知能指数）を持つ人々が参加する国際グループ〕のIQテストで最高点を記録した。過去数年にわたり英国数学オリンピックで優秀な成績を収め、2018年には国際数学オリンピックで満点を獲得している。スコットランドのダンディー近郊のブローティ・フェリーに家族とともに暮らす。

著者●デイヴィッド・ダーリング（David Darling）

1953年生まれ。マンチェスター大学で天文学博士号を取得。サイエンスライターとして、これまでに科学、天文学、数学に関する50冊以上の本を出版している。幅広く講演活動を行うとともに、科学をテーマにした情報提供ウェブサイト www.daviddarling.info を運営。シンガー・ソングライターでもある。著書のうち *Equations of Eternity* は『ニューヨーク・タイムズ』のブック・オブ・ザ・イヤーに選ばれ、*Deep Time* はアーサー・C・クラークに称賛された。邦訳作に『テレポーテーション 瞬間移動の夢』がある。成人した子供が2人いる。妻とともにスコットランドのダンディーに居住。

訳者●武井摩利（たけい まり）

翻訳家。東京大学教養学部教養学科卒業。主な訳書にN・スマート編『ビジュアル版世界宗教地図』（東洋書林）、B・レイヴァリ『船の歴史文化図鑑』（共訳、悠書館）、R・カプシチンスキ『黒檀』（共訳、河出書房新社）、M・D・コウ『マヤ文字解読』（創元社）、T・グレイ『世界で一番美しい元素図鑑』『世界で一番美しい分子図鑑』『世界で一番美しい化学反応図鑑』（同）などがある。

天才少年が解き明かす奇妙な数学！

2019年5月20日　第1版第1刷発行

著　　者　アグニージョ・バナジー、デイヴィッド・ダーリング
訳　　者　武井摩利
編集協力　緑慎也
発 行 者　矢部敬一
発 行 所　株式会社 創元社
https://www.sogensha.co.jp/
〔本社〕
〒541-0047 大阪市中央区淡路町4-3-6
Tel.06-6231-9010 Fax.06-6233-3111
〔東京支店〕
〒101-0051 東京都千代田区神田神保町1-2 田辺ビル
Tel.03-6811-0662

日本語版図版　武井由莉
日本語版造本　長井究衡
印刷所　図書印刷株式会社

© 2019, Printed in Japan ISBN978-4-422-41433-1 C0341

本書の感想を
お寄せください

投稿フォームはこちらから